海上边际油田勘探开发
理论与工程管理

Theory and Engineering Management of Offshore Marginal Field Exploration and Development

谢玉洪　著

科学出版社

北　京

内 容 简 介

本书主要介绍了北部湾盆地地质油藏特征及勘探开发存在的技术难题。针对北部湾盆地地质特点，提出北部湾盆地滚动勘探的"两期控砂、三面控藏、断脊-运移、复式聚集"的油气成藏理论，找出具有裂陷初期湖盆扩张背景的低位-水进期和裂陷晚期湖盆萎缩背景的高位期储层，确定了控制油气成藏的三个重要界面，建立复式油气区的成藏规律。通过科技攻关，形成北部湾盆地油气勘探、开发、生产、钻完井、海洋工程系列技术，创新了海上边际油田区域开发新模式，形成了一套以工程资源集约化为原则，统筹兼顾所有边际小油田勘探开发生产的海上边际复杂断块油田群安全高效开发模式。

本书可作为勘探、开发、钻完井技术研发和工程管理、工程技术等人员的参考书，也可作为石油院校相关专业学生的参考用书。

图书在版编目（CIP）数据

海上边际油田勘探开发理论与工程管理=Theory and Engineering Management of Offshore Marginal Field Exploration and Development/ 谢玉洪著.
—北京：科学出版社，2016.12
ISBN 978-7-03-051211-6

Ⅰ.①海⋯　Ⅱ.①谢⋯　Ⅲ.①海上油气田-油气勘探 ②海上油气田-油田开发　Ⅳ.①TE53

中国版本图书馆 CIP 数据核字 (2016) 第 299795 号

责任编辑：万群霞 / 责任校对：郭瑞芝
责任印制：徐晓晨 / 封面设计：无极书装

科学出版社 出版
北京东黄城根北街 16 号
邮政编码：100717
http://www.sciencep.com

北京教图印刷有限公司 印刷
科学出版社发行　各地新华书店经销
*

2016 年 12 月第 一 版　开本：787×1092 1/16
2016 年 12 月第一次印刷　印张：10 3/4　插页：4
字数：260 000

定价：128.00 元
（如有印装质量问题，我社负责调换）

序

我国南海油气资源丰富，是我国能源未来重要的接替区域，也是南海周边国家争夺的焦点地区。尽快占领油气勘探开发技术的制高点，并通过管理创新抢得南海油气高效开发先机，是南海油气资源勘探开发的有效途径和难点。

南海涉及深水、高温高压、复杂断块边际油田等多个油气地质领域，国外知名石油公司曾在此做过大量的勘探工作，投入近百亿元均无收获，陆续退出勘探权益。谢玉洪同志三十余年如一日，奋战在海洋石油勘探开发和生产第一线，是南海千万立方米（油气当量）产量的总体策划者和主导实施者，在负责南海油气资源勘探开发期间，带领研发和管理团队面对南海海况环境恶劣、地质条件复杂及海上油气勘探开发投入大、风险高等挑战，建立了深水大型轴向峡谷水道油气成藏模式，并完善了莺琼盆地高温高压天然气成藏理论，研发了深水、高温高压、复杂断块三大领域油气勘探开发工程关键技术，形成了"勘探开发一体化、作业批量模块化、工程资源集约化"复杂油气田高效勘探开发和工程管理体系。发现了包括我国第一个深水自营大型气田陵水 17 在内的 9 个大中型气田；并建成了我国海上第一个高温高压气田（东方 13）；开创了我国海上第一个边际复杂断块油田群区域高效开发模式，实现了南海西部油田连续九年稳产 1×10^3 万 m^3 油当量。其创造的技术和工程管理体系有力推动了我国海洋油气勘探开发进程，为践行国家"一带一路"和"海洋强国"战略做出了重要贡献。

该书系统介绍了南海复杂油气田在勘探开发过程中的一体化关键技术及工程管理体系。首次提出我国近海石油滚动勘探开发理论，其核心是滚动勘探图发展——为在生产油田稳产增产找储量；滚动开发增产量——形成区域滚动开发模式；精细化生产管理出效益，追求整体效益最大化。该理论突破了以单个油田为主体进行油田工程建设和生产管理的传统思维模式，使油气勘探开发成为有机整体，在自主研发的三十项关键技术支撑下，实现了油气资源勘探开发、地面设施和人力资源的共享，提高效率，降低成本的目的。

该理论、管理理念和实践，已经成功推广到其他海区，渐成燎原之势，必将在海洋油气勘探开发生产中产生更丰厚的经济效益和社会效益。

中国工程院院士 周守为

2016 年 12 月

前　　言

北部湾盆地是南中国海西北部典型的断陷盆地之一，地处三大构造板块交汇区，蕴藏着丰富的油气资源。油气藏具有断裂分割严重、分布散、规模小的特征。复杂的油藏地质条件和海上油气开发的特殊性，抬高了油气田开发建设和生产的成本，造成众多油田变为边际油田，导致油气勘探开发生产相互制约，低品质油气资源难以有效动用开发。自 1986 年建成第一个海上油田开始，又陆续投产了两个油田，原油年产量从初始的 $18 \times 10^4 m^3$ 到 2000 年达到 $265 \times 10^4 m^3$ 的高峰，2003 年递减至 $150 \times 10^4 m^3$，按照传统的海上勘探开发生产模式，2008 年将下降到 $50 \times 10^4 m^3$ 以下，濒临停产。

为满足国家能源需求和开发南海油气资源的需要，笔者 2003 年提出"以北部湾盆地为靶区，研发海上复杂小断块油田群高效勘探开发技术，实施海上滚动勘探开发生产实践"的策略。围绕既定目标，中海石油(中国)有限公司湛江分公司(以下简称中海油湛江分公司)组建联合项目组，以油气勘探开发为主，涵盖石油地质、地球物理、钻完井、海洋工程、采油工艺及油气储运等专业，经过五年的基础理论研究和实践，形成了海上滚动勘探开发生产理论，集成研发了一套适用于海上边际油田勘探开发生产技术和工程管理理念，取得了巨大的经济效益和社会效益。

首次提出我国近海石油滚动勘探开发理论。

(1)提出指导北部湾盆地滚动勘探的"两期控砂、三面控藏、断脊-运移、复式聚集"的油气成藏理论。具体而言，就是寻找具有裂陷初期湖盆扩张背景的低位—水进期和裂陷晚期湖盆萎缩背景的高位期储层；控制油气成藏的三个界面：最大湖泛面、不整合面和断层面；建立复合油气区的成藏规律：划分不同层系、不同类型、不同成因的油气藏，纵向叠合、横向连片空间组合的油气聚集带。

(2)针对北部湾盆地的油藏地质特征，结合在生产油田的管输容量、动力供给冗余、油气水处理能力及生产设施的分布等区域油气生产现状,建立复杂小断块油田"扩张式"、"蔓延式"、"叠加式"和"移动式"4 种开发模式，实现油气资源勘探开发、地面设施和人力资源的共享，提高效率，降低成本的目的。

(3)通过技术攻关，形成微断层增强识别(MFE)和相控频率反演储层预测技术；海上油田重力分异稳定驱开发方式及并联多管分层配注和汇注油田伴生气技术；单筒三井钻井、海上耐腐蚀防结垢的油气输送软管及敷设、电力通讯一体的新型海底光电复合缆、"海上电网的能量管理系统(EMS)"等油气勘探、开发、生产、钻完井、海洋工程及技术支持等领域的七大技术系列和三十余项低成本油气开发关键技术，其中井壁稳定性和钻完井配套技术具有世界领先水平。这些理论、模式和技术有效地将分布复杂的地下资源和海上有限的生产资源系统的综合利用起来，突破了油气田独立开发门槛高的瓶颈，大幅提升了海洋石油的开发水平，引领了海上边际油田开发技术发展。

海上边际油田勘探开发理论和工程管理体系，支撑了北部湾盆地油气的经济有效开发。

（1）有效增加油气储量。2003~2008 年发现油气田和含油气圈闭 14 个，三级原油地质储量 $18086×10^4m^3$，天然气 $305×10^8m^3$，其中，原油探明地质储量 $9602×10^4m^3$，天然气 $185×10^8m^3$。

（2）创造了巨大的效益。油气田数量由 3 个增加到 13 个；动用原油探明储量由 $9705×10^4m^3$ 增加到 $17899×10^4m^3$，增幅 84%。可采储量增加 $1277×10^4m^3$；新建年产能 $215×10^4m^3$，2016 年产达 $383×10^4m^3$。

（3）有效降低油气田开发建设投资。油田开发门槛由原油探明地质储量 $2000×10^4m^3$ 降为 $200×10^4m^3$ 以下；百万立方米年产能建设投资由 45 亿元人民币降低到 32 亿元以下。

（4）理论和实践展示了广阔的应用前景。2008 年，探明 $25000×10^4m^3$ 原油地质储量，2020 年原油产量将达到 $400×10^4m^3$，预计 2020 年实现累计产值 1022.91 亿元，累计净利润 370.23 亿元。

（5）理论和技术具有较高推广价值。海上边际油田勘探开发理论与工程管理，在北部湾盆地得到了实践的检验，并在实践中不断完善和发展，具有较高的理论价值和应用价值，现已成功推广到其他海区的油气田开发中，将为海上油气田的有效开发做出更大贡献。

全书共 9 章。第 1 章回顾北部湾盆地涠西南凹陷的开发历程，介绍涠洲 12-1 油田滚动勘探开发生产模式，从中得到"蔓延式"开发的启示；第 2 章介绍国内外海上边际油田的特点，及边际油田的勘探开发模式；第 3 章阐述对边际油田勘探地质认识，介绍集束评价和滚动勘探的区域开发思路及复杂断裂地区精细资料解释及评价技术、滚动勘探地球物理技术；第 4 章~第 6 章介绍复杂断块油藏的钻井技术、采油工艺技术及油藏开发技术；第 7 章介绍边际油田的工程建造情况，包括简易生产平台技术、单层保温海底管线技术及涠洲油田生产工艺革新；第 8 章介绍节能减排技术，主要包括污水回注减排技术及天然气综合利用技术；第 9 章阐述北部湾盆地涠西南区域发展工程管理，勘探开发生产"三一"管理模式等。

本书在成稿过程中，林金成、王振峰、李绪深、姜平、马勇新、韦海明、李茂、张智枢、黄凯文、童传新、雷霄、张峥、杨计海、刘明全、陈志宏、劳业春、米洪刚等同事参与了资料收集和整理及部分编写工作，最后由谢玉洪、杨进、林金成和王振峰统稿，在此一并表示感谢。

由于笔者水平有限，书中难免存在不足之处，恳请读者指正。

谢玉洪

2016 年 9 月

目　　录

彩图

第1章 绪 论

1.1 涠西南开发历程回顾

1989 年 8 月，涠西南第一个投产的油田——涠洲 10-3 油田开始评价性试生产，建产 $15.4 \times 10^4 m^3$；1987 年，以涠洲 10-3A 平台为基础向周边滚动开发，产量一直维持在 $20 \times 10^4 m^3$ 以上；1991 年 8 月，依托涠洲 10-3 油田投产了涠洲 10-3N 油田，但涠洲 10-3N 油田已于 1997 年 12 月停产。1993 年 9 月，涠洲 11-4 油田投产，涠西南凹陷的产量突破 $100 \times 10^4 m^3$，该油田位于涠洲 10-3 油田以南 17km，是一个披覆背斜构造，于 1979 年发现。第四个投产油田是涠洲 12-1 油田，该油田距涠洲 11-4 油田 30km，是一个被断层复杂化的断鼻构造，1989 年发现，1996 年进行开发建设。该油田中、南块（A 平台）于 1999 年 6 月 12 日正式投产，涠西南当年产量达到 $170 \times 10^4 m^3$，次年，涠西南凹陷产量突破 $200 \times 10^4 m^3$，但由于油田产量的递减，产量很快降到 $140 \times 10^4 m^3$ 以下。涠洲 12-1 油田北块（B 平台）于 2003 年 12 月 16 日投产，北块第二批井于 2005 年 6 月 17 日正式投产。涠洲 6-1、涠洲 11-1、涠洲 11-4N 油田于 2006 年 9 月和 2007 年陆续投产。2007 年编制开发方案的油田还有涠洲 11-1N、涠洲 6-9、涠洲 6-10、涠洲 6-8，这些油田已于 2010 年前后陆续投入生产。

1.1.1 开发模式及生产设施状况

北部湾盆地涠西南凹陷的开发模式分两个阶段：1986 年~1998 年 7 月为全海式开发，期间投产了三个油田，分别是涠洲 10-3 油田、涠洲 10-3N 油田和涠洲 11-4 油田。生产设施主要有单点系泊、生产储油轮及南海一号（涠洲 10-3B）、渤海六号（涠洲 10-3C）、涠洲 10-3A、涠洲 11-4A 和涠洲 11-4B 平台 5 个采油平台，其中涠洲 10-3B、涠洲 10-3C 分别于 1998 年 3 月和 1 月弃井，涠洲 10-3A 平台自身无修井作业能力。1998 年 7 月后，"希望号"生产储油轮退役，南海"自强号"、涠洲终端厂生产系统投入使用，形成了半陆半海式的开发模式。

半陆半海式的开发模式的主要特点是：在海上有东西两个生产处理中心，通过海底管线将各平台生产的井流物分别汇集到两个处理中心进行油气水分离，分离后的油气水通过海底管线上涠洲岛终端处理厂进行进一步的处理分离，然后到涠洲终端 5000 万吨级码头外输。东边的处理中心是涠洲 12-1 油田 A 平台，与涠洲岛终端之间铺设了长为 30.8km 的油气海底管线各一条，在中心处理后的油、气分别通过油、气管线上到经过进一步处理后，外输销售。西边生产处理中心是涠洲 11-4 油田 A 平台，涠洲 11-4 油田的 B、C 平台生成的油-气-水通过海底管线混输到 A 平台进行处理，涠洲 10-3 油田平台与涠洲 11-4 油田 A 平台之间铺设了两条长为 16km 的海底管线，一条为气管线，专门为涠洲 11-4 油田提供动力燃料；一条为将涠洲 10-3 油田生产的油-气-水混输至涠洲 11-4 油田 A 平台的海底管线,各平台生产的油-气-水在涠洲 11-4 油田 A 平台处理后,通过 30km 的海底管线经涠洲 12-1 油田 A 平台,汇入涠洲 12-1 油田 A 平台到涠洲岛终端的油、气管线。另外,在涠洲 10-3 油田和涠洲 12-1 油田 A 之间还铺设了 30.9km 长的海底气管线。

由全海式转向半海式的开发模式后,大大提升了涠西南的生产处理能力,由涠洲 12-1 油田 A 平台至涠洲岛终端的油管线年输送能力可达 $270 \times 10^4 m^3/a$,终端原油年处理能力可达 $240 \times 10^4 m^3/a$。另外,由于不依赖于生产储油轮生产,生产系统具有很高的抗台风能力,提高了生产时率,增加了油田开发效益。同时因为半海式开发模式的实施,共享了生产资源,实现了生产管理的统筹安排,从而降低了生产作业成本。该套生产设施还为小油田的滚动开发找到了支撑点,为该区滚动勘探开发打下了基础。

1.1.2 整体部署,分步实施

2003 年,中海油湛江分公司围绕该套生产设施,本着整体部署,分步实施的原则,加大勘探力度,促进油田开发。首先,围绕生产实施进行全面分阶段的三维地震资料的采集,2003 年、2005 年共采集了 700 多平方千米的三维地震资料,加上 2002 年采集的 $431 km^2$ 的三维地震资料,生产设施周围已经完全被三维地震资料覆盖,为构造的落实、储层的预测及断层的组合提供了良好的资料基础。基于新的三维资料和分区带对生产设施周围已发现的含油气构造进行筛选,首选涠洲 11-1、涠洲 11-4N、涠洲 6-1 油田进行开发可行性研究,通过地下、地面的精心研究部署,落实这批油田的储量规模、风险潜力,预测开发效果,确定开发模式;通过成群建设,精心实施,使这批油田于 2006 年开始陆续投产,增加了涠西南凹陷的产量,有效利用了生产资源。同时,降低该区勘探门槛,扩大勘探范围,使涠西南凹陷的勘探开发进入良性循环。2003 年 8 月~2006 年年初,在涠洲 11-1 油田北面发现和落实了涠洲 11-1N 油田,依托涠洲 11-1 油田的生产设施,于 2007 年完成了油田开发方案,于 2009 年投产。围绕涠洲 12-1 油田和涠洲 6-1 油田周边,落实涠洲 6-9 油田的储量规模,发现了涠洲 6-10 油田、涠洲 6-8 油田,这 3 个油田于 2006 年完成了储量评价工作,进入了开发前期研究阶段。2007 年 3 月,涠洲 6-8 油田又成功地向北面扩边,发现了新的储量,及时纳入开发前期的研究中。这些油田的投入生产,充分发挥了涠西南油田生产系统的利用和完善,充分动用了地下的资源,包括天然气资源的利用,使涠西南凹陷的年产油量在高峰期重上 $200 \times 10^4 m^3$,达 $220 \times 10^4 m^3$ 以上,同时还推进了节能减排工作的进程。

1.1.3 储量发现情况

截至 2002 年年底,涠西南凹陷油田及含油构造有 12 个(不含涠洲 14-2 含气构造),探明地质储量 $12660 \times 10^4 m^3$,已开发油田 4 个,探明地质储量 $9705 \times 10^4 m^3$,76.7% 的探明储量被动用,三级地质储量为 $21333 \times 10^4 m^3$。2003 年开始实施滚动勘探开发后,油田及含油构造增至 18 个,探明地质储量为 $18186 \times 10^4 m^3$,已开发油田增至 6 个,正在进行开发前期研究或油田建设的油田有 8 个,探明地质储量 $6890 \times 10^4 m^3$,已开发、将开发的油田探明地质储量达 $17899 \times 10^4 m^3$,占总探明的 98.4%,三级地质储量 $30909 \times 10^4 m^3$。滚动勘探开发实施前后,探明地质储量增加了 30.4%,三级地质储量增加了 31.0%。已开发油田由原来的 4 个(含已停产的涠洲 10-3N 油田),已达 22 个,其中在"蔓延式"开发思路下开发的自营油田有 7 个。石油探明地质储量 $4500\times10^4m^3$,占总探明地质储量的 54%。这些油田投产后于 2016 年使涠西南凹陷年产油量达到 $400\times10^4m^3$ 左右。涠西南凹陷地下和地面的资源得到充分利用,开创涠西南凹陷勘探开发的新局面。

1.2 主力油田"扩张式"滚动勘探开发生产

1.2.1 主力油田位置及概况

涠洲 12-1 油田位于广西北海市西南方 77km 的南海北部西区北部湾海域,构造位置处于北部湾盆地涠西南凹陷东区的 B 洼陷中央,与正在生产的涠洲 11-4 油田和涠洲 10-3 油田的距离分别为 30km 和 28km,所在海域水深约 35m。

涠洲 12-1 油田位于涠西南凹陷 B 洼陷的中央,为生烃洼陷包围,是先凹后隆、边隆边断、被断层复杂化的断鼻构造。油田被两条大断层 F1、F2 分割为南块、中块和北块,形成次一级断鼻。南块和中块比较完整,断块内无明显断层分割,中块构造较陡,倾角为 12°~27°;南块构造较缓,倾角为 5°左右;北块被次一级断层复杂化,分为似连非连的三个次级小断块。

1.2.2 滚动勘探开发生产历程

涠洲 12-1 油田有三座生产平台(A 平台为综合生产处理平台,B 平台为井口平台和一座生产辅助平台 PAP),油田采用"扩张式"的滚动勘探开发生产模式,主要经历了 A 平台建产前的滚动勘探阶段、B 平台建产前的滚动勘探开发生产阶段、4 井区集束评价及开发调整阶段和油田生产挖潜阶段。

1. 平台建产前勘探评价

1980 年 7 月,合作伙伴法国道达尔石油公司进行了二维地震详查,但二维地震资料品质较差,构造形态不清,评价认为断块控制面积较小,没有勘探价值,于 1983 年将区块退还给 中方。

1986 年,中方重新对地震资料进行连片解释,落实了涠洲 12-1 构造。

1989 年 12 月,美国太阳石油公司作为作业者在构造南块低部位钻探了全称 WZ12-1-1 井(本书简称 1 井,下同)。1 井钻探证实 6 个油组含油,总厚为 23.4m。全井没有测试,获得控制储量和预测地质储量共约为 $812\times10^4m^3$。钻后综合评价认为勘探潜力不大,区块退还给中方。

1993 年,南海西部石油公司对油田所在地区开展了三维地震采集,并对三维地震资料进行了精细解释,重新落实构造,同时进行了详细的地质评价,认为该构造是有远景的构造,值得进一步钻探。

1994 年 8 月,在南块高部位钻评价井 2 井,发现厚度为 62.9m 的油层,测试日产原油 1221m³,同时侧钻了 2B 井,取全了储层岩心资料。钻后储量评估结果为探明储量

$989×10^4m^3$，控制储量 $814×10^4m^3$，预测储量为 $915×10^4m^3$，探明储量、控制储量和预测储量共 $2718×10^4m^3$。

根据 1 井和 2 井的层位标定，确定了中块钻第二口评价井 3 井。3 井设计从南块预定平台位置采用大斜度井探中块，成功后保留井口作生产井。1995 年 2 月钻 3 井，在涠三段钻遇油层 115.4m（TVD①厚度为 74.5m）。1995 年 10 月，向国家储备事务委员会（简称国家储委）申报了该油田基本探明储量 $2309×10^4m^3$，控制储量 $2260×10^4m^3$，探明＋控制储量共计 $4569×10^4m^3$。

为进一步落实中块油气分布情况，减少开发风险，1995 年年底，在 3 井以东增钻第 3 口评价井 4 井，钻遇油层 105.4m。该井钻后表明：F2A 断层将 3 井与 4 井分隔为不同断块，同时认识到 4 井区断层较发育，油水系统自成一体。钻后储量评估结果：油田探明储量为 $1988×10^4m^3$，控制储量为 $2207×10^4m^3$。

涠洲 12-1 油田总体开发方案（ODP）于 1996 年 6 月编制完成。ODP 方案动用原油地质储量为 $2391×10^4m^3$，可采储量为 $879×10^4m^3$，生产年限 13 年；建造综合平台一座，钻开发井 15 口（其中采油井 9 口，注水井 6 口）；建成后原油年产能力为 $120×10^4m^3$，最大年产液能力为 $230×10^4m^3$，天然气外输能力为 $50×10^4m^3$，日注水能力为 8300m³。

1996 年年底，油田（南块和中块）总体开发方案经批准后开始实施，于中块 3 井井口建 A 平台，在南块和中块 3 井区共钻开发井 17 口。在开发井实施过程中首先在中块构造低部位钻开发评价井 WZ12-1-A7 井，发现了中块涠四段高产油层（探明储量为 $1073×10^4m^3$）。1999 年 6 月 A 平台生产井开始投产，并于当年年底向国家申报该油田探明储量为 $2886×10^4m^3$，控制储量为 $1800×10^4m^3$，预测储量为 $150×10^4m^3$。

2. 平台建产阶段

对油田南块、中块 3 井区开发后分析认为，北块石油地质条件与中块相似，是有利的钻探目标，一旦钻探成功便可快速投入开发。因此，于 1999 年在油田北块利用大斜度井技术，沿断层探多个目的层高点，钻探了 5 井，在涠二段、涠三段测井解释油层 9 层 41.8m（总测深，TMD），差油层 7 层 11.7m。5 井钻后计算北块探明储量为 $188×10^4m^3$，控制储量为 $285×10^4m^3$，预测储量为 $1812×10^4m^3$。

利用地震岩性反演和精细油藏描述技术，对储层分布及油藏模式进行精细研究后认为，北块涠二段可能发育构造和岩性圈闭，油气分布可能主要受储集层的分布控制，含油面积可能超过构造圈闭范围，还有很大潜力，建议在北块构造圈闭线外钻探 6 井，探明油气储量。

2001 年 3 月钻评价井 6 井，证实了涠二段油气分布受岩性控制，在涠二段测井解释油层 2 层共 24.1m（TMD）。2001 年 10 月，国储委批准油田北块探明石油地质储量（III 类）为 $1770×10^4m^3$，控制储量为 $290×10^4m^3$，预测储量为 $375×10^4m^3$。

至此，整个涠洲 12-1 油田落实探明储量为 $4656×10^4m^3$，控制储量为 $2090×10^4m^3$，预测储量为 $525×10^4m^3$，地质储量总计 $7271×10^4m^3$。

---

① TVD 表示实际垂直深度。

2002 年 2 月,《涠洲 12-1 油田北块及 4 井区总体开发方案》获批准,该方案设计建一座 24 井槽的 B 平台,以北块和中块 4 井区联合开发为主,兼顾中块 3 井区涠四段的调整。2003 年 3 月该方案开始实施,第一批 8 口生产井于 2003 年 12 月顺利投产;第二批 10 口开发井于 2004 年 12 月实施,2005 年 5 月 15 日完钻,并于 2005 年 5 月 18 日陆续投产。

3. 井区滚动评价及开发调整

涠洲 12-1 油田中块 4 井区是在 1995 年年底钻 4 井后证实被断层 F2A、F2、FA 分隔的自成体系的独立的含油断块,A 平台开发井钻完后这种认识得到进一步证实。

B 平台 ODP 设计考虑动用 4 井区控制储量(1 注 2 采)$373 \times 10^4 m^3$。B18 井在 4 井区钻遇了油层 165.7m(TVT[①]138.8m),还证实了 4 井未钻遇的涠三段 II、III、IV 油组的含油性,在涠四段亦钻遇涠四段 III 油组油层。为了达到落实该区储量规模及优化该区开发方案的目的,中海油湛江分公司决定在该区较低部位钻评价井 7 井。2004 年 6 月该井完钻,测井解释油层 61.6m,4 井区储量评估结果为探明储量为 $640 \times 10^4 m^3$,控制储量为 $70 \times 10^4 m^3$,预测储量为 $165 \times 10^4 m^3$。

根据 2007 年 1 月经中国海洋石油总公司批准《涠洲 12-1 油田 B 平台调整井方案》,利用 B 平台剩余的空井槽钻井开发 4 井区,布井 6 口(4 采 2 注,包括已完钻投产的 B18 井)。2007 年 7 月开始钻井工程实施,并于 2008 年 2 月正式投产。4 井区开发井钻后储量规模基本不变,探明储量为 $609 \times 10^4 m^3$,控制储量为 $102 \times 10^4 m^3$,预测储量为 $28 \times 10^4 m^3$。

4. 油田生产挖潜

1)注水优化调整

投产初期存在的主要问题是注水井受到钻完井污染而无法达到油藏配注要求,对应措施是保证注够水。WZ12-1 油田 A 平台对注水井采用解堵增注措施保证注水。B 平台主要采用高压挤注和电潜泵倒置增压注水等措施实施增注,通过增注措施满足油藏开发初期的配注要求。

开发中后期在注够水的基础上力争注好水。南块涠三段 IV 油组将人工注水改为天然边水驱,使得油井含水得到有效抑制,产量递减减缓。通过中块细分层系后实施了分层配注,保证各层的平衡注采。北块 B5 井区进行调驱等措施,有效控制了油井含水上升速度。

2)油田扩边及内部挖潜

2003 年,侧钻 WZ12-1-A16b 井时,在涠二段发现了新油层,新增探明储量为 $57 \times 10^4 m^3$;侧钻 WZ12-1-A17b 井时在涠三段振幅异常体发现了新油层,新增探明储量为 $44.9 \times 10^4 m^3$。截至 2008 年 5 月底,两口井累积产油达到 $30 \times 10^4 m^3$,取得了较好的开发效果。

---

① TVT 表示真实垂直厚度。

3）综合治理，细分层系

中块涠三段在开发初期，采用多层合采/合注的方式生产，细分层系前采出程度已达到 22%左右，取得了较好的开发效果。但由于油井含水逐步上升，油井的层间干扰、结垢、层间开采不平衡等问题日益突出，造成油井生产时率低，修井困难。在地质油藏、修完井和地面工艺多专业联合攻关研究的基础上，实施了涠四段注气开发、涠三段细分层系生产等开发综合治理调整措施。

4）涠四段注气开发

由于中块 3 井区涠四段无法完善注采井网而采用衰竭式开发，造成地层压力下降并在构造高部位形成次生气顶，采用伴生气回注对涠四段油藏实施非混相驱的高注低采的方式，注气开发采收率比注水开发可以提高约 8%。

5）开发中后期的挖潜措施

挖潜措施主要在油藏精细描述和剩余油分布研究的基础上采用调剖堵水、换大泵提液、动用低渗层及注气吞吐等稳油控水措施来提高油田的开发效果，提高油田的最终采收率。

1.2.3　滚动勘探开发生产实施效果

涠洲 12-1 油田通过滚动勘探开发生产，含油面积、含油层系、地质储量、可采储量都实现了持续增长，取得了较好的经济效益和社会效益。

含油范围大大增加：通过滚动勘探开发生产实施，平面上含油范围从南块逐步扩张到中块和北块；纵向上，从 1 井钻后的涠三段Ⅳ、Ⅴ油组，逐步扩大到涠二段的Ⅰ～Ⅵ油组，涠三段的Ⅱ～Ⅷ油组及涠四段的Ⅰ～Ⅳ油组。

地质储量和油田规模不断扩大：地质储量从最初的近 $1000 \times 10^4 m^3$ 逐步增长到 $5648 \times 10^4 m^3$。通过南块、中块及北块钻评价井和开发井的实施，涠洲 12-1 油田从 WZ12-1-1 井开始钻探发现南块控制储量和预测储量共 $812 \times 10^4 m^3$，逐步增长到了 $5648 \times 10^4 m^3$ 的规模；生产平台由一座变为三座，开发井由 A 平台开发实施时的 17 口增长到目前的 44 口。

可采储量实现了持续增长：从 1 井钻后的 $39 \times 10^4 m^3$ 逐步增长到 $1380 \times 10^4 m^3$；涠洲 12-1 油田通过从南块向中块及北块的滚动勘探开发及生产，地质储量不断增长，同时通过扩边挖潜及增产措施，可采储量从 A 平台 ODP 设计的 $870 \times 10^4 m^3$ 增长到 $1380 \times 10^4 m^3$，通过调整井、上返补充射孔、换层生产、综合治理及注气可实现累计增油约 $100 \times 10^4 m^3$，中块涠三段细分层系可累计实现增油 $45 \times 10^4 m^3$，涠四段注气可累计实现增油约 $65 \times 10^4 m^3$。

通过滚动勘探开发生产，涠洲 12-1 油田的产量也实现了不断接替。2004 年 B 平台投产后，油田产量接近年产 $80 \times 10^4 m^3$，但是由于没有新的区块接替，产量很快于 2007 年递减到 $37 \times 10^4 m^3$。在 2009 年注气实施见产和 WZ12-1-4 井区调整井注水收效后，油田产量又可以回到 $80 \times 10^4 m^3$ 以上的年产。B 平台投产前（2003 年以前），油田产量年综合递减率为 22%，B 平台投产后，加上中块的综合治理等措施，使油田的递减率降低到了 12%，由此说明滚动勘探开发生产很好地实现了产量接替。

滚动勘探开发实现了较可观的经济效益。涠洲 12-1 油田勘探开发生产预计可实现产值 100.4 亿元人民币，预计可实现利润 38.2 亿元人民币。

1.2.4　涠洲 12-1 油田滚动勘探开发生产的启示

1. 勘探对地下资源的认识指导了开发建设的部署

通过对涠洲 12-1 油田成藏模式的研究，认为涠洲 12-1 油田为复式成藏，在各个断块均具有较大的开发潜力，因此，决定在 A 平台开发建设时留有较大的设施处理能力用于油田滚动扩张。涠洲 12-1 油田位于涠西南凹陷 B 生烃洼陷的中心，油页岩相对较厚，最高可达 80m 以上，具有很好的生烃潜力，在油田所处的涠西南 2 号断裂带，沿断裂系统及次一级断裂非常发育，与凹陷边缘砂岩体的有效配置，构成了油气垂向运移的良好通道，并且控制了油气的聚集与分布。成藏模式为以断层作油气运移通道和圈闭侧封。因此，在 ODP 设计时虽然只有油田南块和中块的涠三段为探明储量，但根据油田的成藏模式，在油田的其他断块(如北块)和涠三上、下亚段的涠二段及涠四段也应具有很好的成藏条件，具有较大的储量潜力。考虑油田后期滚动开发及调整能力，方案预留了三个井槽，同时处理能力也考虑了周边油田依托能力。如果在开发实施中发现了新的储量，就可以及时调整、完善井网保证油田的正常生产。考虑对油田内部挖潜调整和对周边油田的支持能力，平台设施能力留有较大的余地：ODP 设计油田最大产油量为 $120 \times 10^4 m^3/a$，设施的原油处理能力为 $240 \times 10^4 m^3/a$；油田最大产液量为 $230 \times 10^4 m^3/a$，平台设计液量处理能力为 $270 \times 10^4 m^3/a$，平台外输液量能力为 $270 \times 10^4 m^3/a$。A 平台预留了三个井槽，在开发实施过程中探明了涠四段的储量后，马上利用空井槽增加了两口生产井完善油田的开发。在电力供应方面也考虑油田扩边开发时的依托能力，适当留有余地：综合平台电力负荷为 5679kW，选用 4875kW 的燃气发电机组，考虑涠洲 12-1 油田环境下的输出功率为 3700kW，选用两用一备，负荷率为 77%。依据对涠洲 12-1 油田地下资源的认识，油田的开发模式必然为滚动勘探开发生产模式，地下储量的认识对 A 平台设计时针对备用井槽、处理能力及电力供应等方面的开发部署起到了很好的指导作用，在后来的开发实践中得到了充分验证。

B 平台 ODP 设计联合开发北块及 4 井区，同时兼顾中块 3 井区涠四段的调整。北块钻了两口评价井，揭示了油藏类型为构造和岩性控制的油藏，油水分布及储层连通性比较复杂，可能在实施过程中会存在较大的调整。中块 4 井区储量级别为控制级，油水边界及产能可能会存在较大的不确定性，在实施过程中有可能也会存在较大的调整。在 ODP 设计时考虑北块储量丰度低，且开发井水平井位移相对较大等不利因素，在平台后期调整能力上考虑有一定余地。方案设计了 24 个井槽(开发井 22 口)，同时意识到地质油藏情况的复杂性，在生产中修井工作量相对较大，配备了修井能力较强的 180t 修井机。

涠洲 12-1 油田中块 4 井区是在 1995 年底钻 4 井后证实被 F2A、F2、FA 分隔的自成体系的独立含油断块，在 A 平台开发方案中设计了 1 注 1 采两口开发井。由于在开发实施中发现了涠四段 $1000 \times 10^4 m^3$ 的地质储量，需要补充开发井，再者 4 井区的产能、储量规模等方面存在一些不确定因素，因此，在 A 平台实施过程中暂缓了实施 4 井区的开发井。在 B 平台方案中 4 井区设计了 1 注 2 采进行开发。在 B18 井钻后发现，4 井区的涠三段 II～IV 油组均含油，涠三段 VIII 油组试采产量较高，储量规模比预想的要大得多。因此，在 B 平台开发实施过程中暂缓，并在 4 井区构造的低部位钻评价井 WZ12-1-7 井，钻后评价探明储量达到 $640 \times 10^4 \text{m}^3$。4 井区在经过漫长的评价过程后，基本上探明了储量规模，并对 4 井区进行整体开发调整设计。

涠洲 12-1 油田在开发部署时采用了以勘探评价来指导开发建设部署的思想进行滚动勘探开发生产。在 A 平台设计时就已经考虑新增 B 平台后的生产支持，整个开发建设部署为油田后续滚动勘探开发生产奠定了基础。

2. 坚持滚动理念，模糊勘探开发界限，实现勘探开发一体化

在涠洲 12-1 油田的勘探开发生产过程中，始终坚持滚动勘探开发的理念，模糊勘探开发界限，实现了勘探开发的一体化。具体做法如下：一是在勘探时将评价井保留井口作为生产井（WZ12-1-3 井）；二是在开发方案设计时对评价不充分的区块先钻开发评价井，并在实施过程中进行随钻优化调整。

将探井、评价井保留井口作为生产井，在设计探井时考虑平台位置及作为探井和生产井双重目的的功能，节约了开发井的投资。在探井 WZ12-1-1 井和评价井 WZ12-1-2 井钻后，探明储量 $989 \times 10^4 \text{m}^3$，需要在中块增加一口评价井增加一定量的探明储量才能实现开发。在设计 WZ12-1-3 井时，既考虑了要探明一定的储量规模，同时又考虑作为生产井采油的需要，因此将井口选定在将来平台的放置位置，目的层为涠三段各油组构造的中间部位，井轨迹为平行于大断层的大斜度井。WZ12-1-3 井在涠三段中共发现 6 层油层共 114m（TVD 74.5m），测试其中 5 层，累计单井产油 $5424 \text{m}^3/\text{d}$，创下我国近海陆相油层最高单井产油纪录。钻后评价中块涠三段探明储量为 $1105 \times 10^4 \text{m}^3$，控制储量为 $1599 \times 10^4 \text{m}^3$，探明储量和控制储量达到 $2704 \times 10^4 \text{m}^3$。在油田开发后，该井作为中块的采油井生产至今，截至 2008 年 5 月，已累积生产原油 $56 \times 10^4 \text{m}^3$，目前日产油约为 $150 \text{m}^3/\text{d}$，含水率约为 30%。

在 ODP 设计时对勘探评价不充分的区块，采用开发评价井的方式进行评价，并在开发评价井钻后及时进行随钻优化调整，有效规避地质风险，提高油田的开发效益。

由于 WZ12-1-3 井在钻井过程中井壁坍塌无法钻到涠四段，因此在开发方案设计时，就考虑用 WZ12-1-A7 井作为开发评价井对中块涠四段进行评价，如果在涠四段有油层发现，则需要对井网进行调整。涠洲 12-1 油田中块在实施过程中，首先钻兼有评价功能的开发井 WZ12-1-A7 井，证实了中块 WZ12-1-3 井区涠四段的含油性，并取得了取心、测试等资料，评价涠四段探明储量为 $1073 \times 10^4 \text{m}^3$。鉴于涠四段的储量规模，决定优先开发油田南块及中块 WZ12-1-3 井区，将原部署于中块 WZ12-1-4 井区的 2 口开发井（1 注 1 采）调整到中块 WZ12-1-3 井区，并增钻 2 口开发井。优化调整后共钻开发井 17 口（包括一口已钻的评价井 WZ12-1-3 井），同时将中块的开发井均加深到涠四段，完井方式也相应地由两层改为三层生产（涠三段分两层，涠四段分一层）。

考虑北块储层分布和连通性比较复杂，油水分布受断层和岩性控制，分区分块比较明显，ODP 方案设计时将 N_1b 区块的 WZ12-1-B5 井、N_2 块的 WZ12-1-B21 井定为"具

有评价性质的开发井"，并将开发井分三批实施。2002 年 5 月，WZ12-1-B5 井钻后证实油田北块只有涠二段Ⅳ油组含油，涠二段Ⅴ油组为水层，储量规模有所减少，在此情况下对北块的开发井进行优化，减少北块两口开发井，并调整到中块涠四段完善注采井网。在北块第一批开发井实施后，北块油水分布的分块性更加突出，储层连通性比预想的要差，根据第一批井实钻和试采情况，对第二批开发井的井位进行了优化：取消了 WZ12-1-B6 井；同时将 WZ12-1-B11 井移到构造西部完善注采；WZ12-1-B8 井改为水平井穿越 WZ12-1-5 井区和 WZ12-1-6 井区的断层，增加储量动用范围；用 WZ12-1-B3 井代替 WZ12-1-B21 井穿越断层对 N_2 块的含油性进行评价，结果证实 N_2 块不含油。

在北块开发实施过程中，采用开发评价井和分批投产的边评价边开发方式，有效规避开发中的地质风险，增强油田的开发效果。

涠洲 12-1 油田在整个滚动勘探开发过程中，模糊了勘探开发生产的界面，有效规避了地质风险，并对后期调整留有充分的余地，实现了油田不断滚动扩张。

3. 生产设施适时改造，扩大依托能力，推动滚动勘探开发生产的规模和进程

涠洲 12-1 油田在滚动勘探开发生产实践中，通过对生产设施的改造，增加了平台的生产处理能力，扩大了综合平台对周边油田的依托能力和内部调整挖潜能力，有力推动了滚动勘探开发生产的规模和进程。

通过对 A 平台的简单改造，解决了 B 平台依托生产问题。B 平台依托 A 平台的生产处理和电力供应，并由 A 平台提供注水。在 A、B 平台之间增加了注水管线、油-气-水三相混输管线、海底复合电缆；A 平台相应增加了段塞流捕集器和控制系统。A 平台设施的改造增加了油-气-水处理能力，其他周边油田也可以更加便捷地从 B 平台直接接入涠洲 12-1 油田的生产系统，推动了 WZ12-1-4 井区及周边小油田(涠洲 6-1、涠洲 6-8、涠洲 6-9、涠洲 6-10 等油田)的开发进程。

生产辅助平台的增加，大大加强了 A 平台的处理能力，促进周边油田的开发及注气实施的进程。在解决涠洲 12-1 油田 A 平台配合涠洲 11-1、涠洲 6-1 和涠洲 11-4N 油田群处理量不足的问题时，新增了 PAP 生产辅助平台，增加了生产分离器和火炬，提高了油气处理能力。PAP 平台顶甲板解决了注气压缩机的场地问题，同时涠洲 11-1 油田在 PAP 平台上岸的天然气为注气压缩机提供了高压气源，这两个条件迅速促进了注气项目的实施进程，注气项目于 2008 年初开始注气。PAP 平台的建立，使涠洲 12-8 和涠洲 6-12 油田依托涠洲 12-1 油田开发提供了可能；同时也为电力组网设备的安放提供了宽松的场地，有力推动了电力组网的进程。

电力组网实现了油田群的供电一体化，减少了电力供应的风险，减少了新建油田的供电设施，降低了周边小油田的开发门限，推动了涠洲油田群的整体开发进程，同时也促进了周边的勘探进程。电力组网就是通过海底电缆将涠洲终端、涠洲 12-1 油田 A 平台及涠洲 11-1 油田的电站并网，实现涠洲油田群的统一供电，减少了各个装置的备用机组，提高了设备利用效率。新建设的涠洲 11-1N 油田及涠洲 6-8、涠洲 6-9、涠洲 6-10 油田均不再设电站，大大地降低了开发投资，从而降低了开发经济的下限，促进了边际油田开发，同时在涠西南凹陷的生产装置附近也加大了勘探力度，近年来先后评价了涠

洲 11-7、涠洲 11-2 和涠洲 6-3 等油田并取得了一定规模的储量，预计将很快投入生产。

天然气处理流程的改造能够大大提高涠西南天然气的利用率。涠洲 12-1 油田 A 平台的高压天然气产量在逐渐降低，而低压气却越来越多。制约低压气利用的瓶颈就是一级压缩机的处理能力只有 $30×10m^3/d$，剩余气只好放空燃烧，而二级压缩机由于气量较少而闲置。将一级和二级压缩机由串联变为并联，一方面可以将低压气的利用率增加一倍，有利于为注气压缩机提供高压气源，也可以为电站提供气源，还可以将剩余气输送到涠洲终端处理厂为新增电站提供气源，剩余气制成压缩天然气(CNG)进行综合利用，减少烃类气体的排放；另一方面，通过改造增加天然气处理能力后，又可以对 WZ12-1-4 井区的高气油比油井开井生产，提高原油的产量。

4. 滚动规模的扩大降低了涠洲 12-1 油田及涠洲油田群的操作成本

将涠洲 12-1 油田作为周边油田依托的开发模式，对降低整个油田群的生产成本具有重要的意义。主要表现在以下几个方面。

(1)油田群的油气水集中处理可以有效降低生产处理的成本，集中处理可以有效利用已有的生产装置，减少重复投资，同时也减少设备运行的电力、化学药剂、设备维护等方面的成本，在一定程度上降低了生产成本。

(2)集中供电可以有效降低电站的数量，对新开发油田可以节省平台的投资，同时可以减少生产管理和降低设备运维成本。

(3)集中生产可以适当减少现场操作人员。周边依托平台均为井口平台，生产操作人员在一定程度上会大大减少，从而节约人员成本。

(4)油气集中处理可以提高天然气的综合利用能力。油气集中处理可以使天然气产量形成较大的规模，通过注气压缩机产生高压气后，可以用于油井的气举生产、诱喷、注气吞吐等生产作业，有效地降低修井频率，从而降低操作费用。

5. 科研成果和技术进步是推动滚动勘探开发生产的原动力

每一次滚动勘探开发生产的前进，均是伴随科研的深入和技术的进步。成藏模式的认识是涠洲 12-1 油田滚动勘探的关键。WZ12-1-1 井位于涠西南凹陷 B 生烃洼陷的中心，但钻遇油层较薄，物性较差，作业者美国太阳石油公司认为没有开发价值而放弃。但通过中方研究后认为，该油田具有较好的生储盖组合和良好的运移通道，在涠洲组具有较好的断鼻构造，能够形成良好的油气聚集，因此，在后来的评价井 WZ12-1-2 井、中块的 WZ12-1-3 井及北块的 WZ12-1-5 井、WZ12-1-6 井均发现了良好油气藏。

三维地震资料的处理技术和断层的精细解释，实现了北块的滚动勘探评价。1993 年，涠洲 12-1 油田构造北断块第一轮资料解释中由于资料较差，断层复杂，圈闭形态难以落实，之后进行了两次重处理，特别是 1997 年应用叠前时间偏移新技术对三维资料重处理后，使反射层得到更精确的归位，断层更加清晰，较大程度上提高了三维地震资料的整体质量。在此资料基础上，结合中、南块的实钻资料，通过对各油组及标准层的精确标定和追踪解释，断裂系统的分析和组合，解释了涠洲 12-1 油田北块构造，并提出了探井(WZ12-1-5)井位建议。

中块 WZ12-1-4 井区的调整井的实施依赖于井壁稳定性研究突破。涠洲 12-1 油田 B 平台第一批井实施过程中，由于涠二段垮塌段的影响，钻井事故率达到 20%，大大影响了开发的进程，特别是对于 WZ12-1-4 井区均为 S 形轨迹的大斜度井，井壁严重失稳，成了钻井过程中的"拦路虎"。通过井壁稳定性研究项目的攻关，找出了井壁失稳的关键问题，克服了涠二段钻井的难题，在 B 平台第二批井实施过程中实现了井下零事故的骄人成绩，同时也为后来 WZ12-1-4 井区 5 口大斜度井的顺利实施奠定了技术基础。

中块 WZ12-1-3 井区的综合治理细分层系研究有效地提高了注水开发效果。中块 WZ12-1-3 井区采用多层合采合注的注水开发方式，在油井见水后，由于储层非均质性造成严重的层间干扰，油井出现了大量结垢，大大降低油井生产时率，增加了修井作业难度。在综合深入分析油田生产存在问题的基础上，对储层进行了精细描述，刻画出有利的流动单元，建立了精细油藏地质模型。利用生产测井[PLT(production logging tools) 和 RPM(reservoir performance monitoring)]对油井的水淹状况进行评价，找出高水淹层和潜力层；建立了该油田的水淹层测井解释方法，对剩余油潜力进行综合评价；运用油藏数模等手段，确定了潜力层的开发潜力，并研究制定了细分层系油藏方案。在工艺上攻关研究油井成垢机理和同心集成六层配水技术，实现了海上大斜度井多层配注。通过细分层系，中块 WZ12-1-3 井区涠三段大大降低了含水，日增油近 200m^3，预计可提高采收率约 4%，累积增油约 44×10^4m^3。

注气研究盘活了中块涠四段的 1000×10^4m^3 的储量。中块涠四段由于在实施过程中才发现的储量，在 A 平台实施过程中无法完善注采井网，在开发初期采用衰竭式开发，采出程度较低，而且地层油严重脱气，在构造高部位已经形成了次生气顶；而且注水也面临注入量低，油井结垢等风险。根据涠西南油田群的伴生气资源利用状况，开展伴生气回注开发涠四段的研究。研究结果表明，伴生气回注非混相驱比注水开发提高了采收率 8%，同时每年可以减少烃类气排放 1.3×10^8m^3。通过对成藏特征及地震属性研究，实现了油田独立砂体开发。通过对南块西区涠三段地震属性分析后认为存在地震异常体，和已开发油层的地震属性极为相似，且异常体位于大断层附近，为有利的油气运移通道，生储盖和侧封条件均较好，含油可能性较大。侧钻 A17b 井到 W$_3$Ⅲ油组发现了约 10m 厚的油层，累积产油约 5×10^4m^3。目前该块已进行了注气吞吐实验，为进一步提高采收率进行实验。因此科研成果和技术进步是深入进行滚动勘探开发生产的关键。在涠洲 12-1 油田还针对开发生产进行了水淹层测井解释、剩余油分布研究、有利含油砂体研究、换大泵提液、调剖堵水等方面的研究，并在此基础上进行油田滚动开发生产，每年的措施增油量可以达到总产量的 10%～20%，取得了较好的效果。

1.3 区域油田群的"蔓延式"开发

1.3.1 地下认识指导"蔓延式"开发的部署

作为"蔓延式"开发所开发的第一批油田：涠洲 11-1 油田、涠洲 11-4N 油田、涠洲 6-1 油田地质条件复杂、储量规模小或风险大，虽然发现多年，开发一直难以推进，主要是独立开发难具经济性，且开发风险大。通过对这三个油田有针对性的研究，理清制约开发的主要因素，采取相应对策，有针对性地部署开发方案。

涠洲 11-1 油田是 1977 年 8 月钻探湾 1 井后发现了该油田，随后在 1977 年 10 月至 1981 年 6 月间相继钻探了湾 2 井、湾 4 井、湾 9 井和 WZ11-1-1 井，证实了流三段储层和石炭系灰岩储层的含油性，但一直没有获得好的产能，主力层流三段储层的地质模式也不落实(基于 2 维地震资料的基础上)，即往高部位是储层是剥蚀还是断缺。2003 年 7 月，基于 2002 年采集处理的 3 维地震资料在构造较高部位钻探 WZ11-1-2 井，落实了主力层流三段IIIB 油组的产能和储层分布，揭示了灰岩储层分布的复杂性，从而推进该油田的开发。2003 年进行储量评价，全油田落实探明地质储量为 $709 \times 10^4 m^3$，控制地质储量为 $237 \times 10^4 m^3$。2004 年开展油田开发方案研究，2006 年 8 月油田投入开发，共有 8 口开发井。通过新三维地震资料的采集处理解释，落实构造，在关键部位部署评价井，落实储层分布和产能，落实了该油田储量规模，降低了开发风险，使一个发现近 30 年的油田得到开发。

涠洲 11-4N 构造于 1986 年在二维地震解释中发现。1988 年 3 月第一口探井——WZ11-4N-1 井开钻，并于同年 4 月完钻。该井在涠洲组三段、流一段和流三段均见到油气显示。经选择在涠洲组和流三段进行测试。结果涠洲组获日产油 $489 m^3$；流三段获日产天然气 $13.7 \times 10^4 m^3$，凝析油 $73.8 m^3$，从而发现了涠洲 11-4N 油田。

出于落实该构造含油范围和储量规模的目的，从 1988 年 5 月到 1989 年 6 月先后钻探了 WZ11-1-2、WZ11-1-3、WZ11-1-4、WZ11-1-5 4 口评价井，这 4 口评价井分别位于不同的断块上。其中 WZ11-1-2 井和 WZ11-1-4 井在涠洲组测试都获得高产工业油流。WZ11-1-3 井在流一段、流三段测试获得了低产油流。在构造南部的 WZ11-1-5 井(构造圈闭以外)，未发现油气显示，测井解释从涠洲组至流一段、流三段全为水层。以上钻井测试情况表明：涠洲 11-4N 油田有 3 套含油层：涠洲组、流一段和流三段。通过当时的井点资料和地球物理资料，开发锁定的主要目的层一直是流一段油藏，按构造认识该层储量规模为 $1250 \times 10^4 m^3$，但产能、储层分布、油藏类型都不清。

2003 年，为了尽早动用该油田储量，首先针对储层分布、油藏类型、产能等地质油藏清楚的涠洲组储层进行储量研究，得出涠洲组探明地质储量有 $234 \times 10^4 m^3$，经开发方案研究，部署 3 口生产井，可累积采油 $72 \times 10^4 m^3$。为了落实流一段的储量规模、油藏类型及产能，2005 年 6 月在油田的北部钻评价井 WZ11-4N-6 井，在涠洲组和流一段发现了油层，两次钻杆测试(DST)分别于涠洲组和流一段获日产油 $488.2 m^3$ 和 $549.4 m^3$，同时也揭示了流一段是岩性控制为主的油藏类型，其储量规模远达不到 $1250 \times 10^4 m^3$，虽然井点产能高，但压降快，表现出流一段平面非均质性强的特点。基于该井钻探结果，仅基于已完成的 ODP 方案，对新发现的涠洲组布两口水平井生产，不再做大的调整，另外，为了了解流一段储层非均质的变化和实际生产产能特征，在 WZ11-4N-6 井区钻 1 口试生产井。由于对该油田的开发思路进行了较大的转变，使油田得以开发，避免了由于地下认识不清带来的开发风险。

为了提高油田构造解释精度，1989～1990 年，在油田范围内首次开展了三维地震资料的采集工作，2002 年再次进行大面积三维地震采集。2003 年利用新三维地震资料进行构造圈闭评价，结合已有的 5 口探井、评价井资料，对涠洲 11-4N 油田构造形态、主要断层分布有了更清楚地认识。目前，全油田共部署 6 口生产井，其中 3 口水平井。2008 年 1 月油田投入生产。

涠洲 6-1 油田于 1987 年 5 月钻探第一口探井(WZ6-1-1 井)时被发现。该井在石炭系灰岩古潜山及流沙港组砂岩获高产油气流，1988 年 1 月在该构造北断块钻探了 WZ6-1-2 井，经测试，在流沙港组仅获微量油气，并出少量水。1994 年 3 月在 WZ6-1-1 井西北约 600m 处钻了一口评价井(WZ6-1-3 井)，在流沙港组有良好的气显示，经测试以产天然气为主。由于其储层的复杂性和储量的认识问题一致没有投入开发。涠洲 6-1 油田由三种储层复合而成，上部是流三段砂岩储层，中间是石炭系灰岩风化壳，下部是石炭系碳酸岩储层，三套储层上下叠置。整体储量规模较小，具有气顶，但测试产能高，油品好，该油田如要开发，就要明确以开发那套储层为主，否则开发井的部署针对性不强，难以达到最佳效果。2003 年在储量计算时，细化储量计算单元，分别确定了砂岩、风化壳、灰岩的地质储量，落实探明地质储量 $288 \times 10^4 m^3$，控制地质储量 $157 \times 10^4 m^3$，预测地质储量 $869 \times 10^4 m^3$。基于储量研究认识，2004 年开展开发方案研究，方案主要采取水平井，本着尽量多钻砂岩储层的原则在 1 井区部署了两口开发井，2006 年 9 月油田投入生产。

1.3.2　充分发挥生产设施余力，降低开发成本

2003 年，涠西南凹陷的主要生产设施包括涠洲 10-3A、涠洲 10-3AP、涠洲 11-4A、涠洲 12-1A、涠洲 12-1B 平台及涠洲终端，通过全面分析和调研，发现无论是电气、工艺还是机械都有较大的利用空间，甚至有些设施被闲置，所以依托有非常充足的空间(表 1-1)。

表 1-1　2003 年终端处理剩余生产能力预测表

年份	产量/(m³/d)				设计处理量/(m³/d)	设施余量/(m³/d)
	WZ12-1	WZ10-3	WZ11-4	总产量		
2006	3413	417	1076	4906	7000	2094
2007	2808	326	769	3903	7000	3097
2008	2215	260	577	3052	7000	3948
2009	1725	207	429	2361	7000	4639
2010	1393	170	310	1873	7000	5127
2011	1171	146	226	1543	7000	5457
2012	936		170	1106	7000	5894
2013	774			774	7000	6226
2014	651			651	7000	6349
2015	548			548	7000	6452

由以上数据可以看出，终端的原油处理能力有较大的潜力。通过新油田的开发，有效利用了生产设施余力，降低了开发成本。

1.3.3　成群建设、精细实施，降低开发成本

2003 年之后，涠西南凹陷新开发的油田所采取的重要措施之一就是成群建设，也就

是多个油田同步进行工程建设，该项措施直接减少了由于油田建设期间各类船只租用带来的动复原费，同时多油田同时采办等方式大大减少了开发投资。

在油田开发方案实施过程中，地质、油藏、地球物理、钻井等多专业紧密结合，优化井位设计，密切跟踪钻井新动态，及时进行调整。如涠洲 11-4N 油田根据 WZ11-4N-6 井的钻探成果，及时编制调整方案，增加储量动用。涠洲 11-1 油田在角尾组有好的显示，及时展开研究，在调整井钻探时进一步兼顾勘探评价，以落实其规模和可开发性。通过方案实施中的精细管理研究，保证油田建设的顺利推进，节约建设时间，保证资源的充分动用，从而降低开发成本。

1.3.4　"蔓延式"促进滚动勘探的进程

由于新油田的投产，使原油生产设施的波及范围进一步扩大，从而扩大了滚动勘探的范围，使更多的中小目标可以进行勘探，纳入生产系统。在编制油田开发方案时，充分考虑周边勘探的潜力，在新建设施上满足经济性的情况下，尽可能留有余地，为新发现油气田提供依托，从而降低了勘探的门槛，促进滚动勘探的进程。

1.3.5　科技攻关是成功的关键

1. 地质油藏的技术

(1)三维地震资料精细解释技术：通过三维地震资料的精细解释，构造得到落实，断层解释更为合理，降低了开发风险。

(2)储层精细描述技术：通过储层精细描述落实砂体分布，如涠洲 11-1N 油田、涠洲 6-9 油田涠三段 I 油组为岩性油藏，通过储层精细描述，落实砂体范围。

(3)三维地质建模技术：三维地质建模成为开发方案研究中重要的环节之一，其主要是为数值模拟提供地质模型，在一定程度上反映了储层的非均质性，使数字模拟开发指标预测结果更趋合理性。

(4)区域规律分析及类比技术：为了弥补边际油田基础资料少而带来的开发风险，加重区域类似油藏的规律性研究分析，进而加深对储层、产能、采收率的认识，为制定合理的开发方式、开采方式、采油速度等提供可参考的依据。在涠洲 12-1 油田南块和涠洲 11-4 油田 C 平台均有水平井开发，实践表明，水平井可提高产能 3～5 倍，但由于这两个区块水平井的采油速度(年产量与动用地质储量比值)高，达 10%以上，导致水平井很快被水淹。因而在边际油田合适的储层条件下，尽量采用水平井或水平分支井开发，既可减少井数，又可增加油井产能和泄油面积，但要注意采油速度的控制，以达到少井高产的目的，提高油田开发的经济效率。如涠洲 11-4N、涠洲 6-9、涠洲 6-10、涠洲 6-8 等油田的开发井均以水平井或水平分支井为主。

涠洲 12-1 油田是第一个以涠三段为目的层生产的油田，南块属断鼻油藏、中块 3 井区属断块油层。由于对涠三段储层横向变化、水体强弱缺少区域性认识，早期生产均采用注水开发，但经生产监测表明，南块天然能量充足，无需注水，天然能量开发，采收率可达 40%左右，中块 3 井区受断层影响，必须注水保压，细分层系分层注水效果好，采收率接近 30%。因而，在有一定天然能量供给的情况下，涠三段油藏可采用天然能量的开发方式。经研究分析，涠洲 11-4N 油田涠三段、涠洲 6-8 油田涠三段的开发均采用天然能量开发，大大简化了生产设施。

涠洲 10-3 油田属复杂断块陆相沉积油藏，储层非均质性强，涠洲 12-1 油田北块属构造岩性油藏，储层非均质性强，生产实践表明井网部署不合理，开发效果差，主要表现为，注水见效生产效果好，采出程度高，注水不见效，采收率低。主要是开发井网的部署没有很好地和地质认识相结合，另外注采井网不够。维持对储层非均质性强的油藏，在井网部署上，注意沿物源方向布注水井和采油井，同时尽量提高注采井网，力保注水见效。涠洲 11-1N 油田属流一段油藏，井点资料揭示储层非均质性强，属扇三角洲沉积，采用注水开发方式，如注水不见效，采收率将大受影响，通过反复论证，确定物源是由北面过来，因此都沿物源方向进行注水井和采油井的部署，并且保持较高的注采井网，接近 1∶1。

另外，注重区域储层特征、油藏特征规律性的研究，分层段总结各自分布规律，直接指导边际油田的储量评价和开发前期研究。

(1) 地质油藏综合评价技术：综合利用测井、地球物理、测压、测试等资料，结合地质认识，得到对储层、油藏类型的认识，从而有效指导储量研究和开发方案的编制。

(2) 旋转井壁取心技术：由于储量规模的限制，边际油田取心资料较少，经常会用井壁取心来作为岩心的补充，目前旋转井壁取心资料在边际油田中的应用日益广泛，该种井壁取心，完整性好，尺寸与常规岩心的岩心塞相近，可以开展较多的化验分析项目，而且结果可靠性较高(表 1-2)，很好地解决了次要层取心资料少的问题，但会存在小的深度偏移，储层均质性越好，结果代表性越强。如涠洲 6-10 油田、涠洲 6-8 油田均采用旋转井壁取心来进行相关研究，为储量评价和储层认识提供了重要的信息。而以往的井壁取心是炸药式取心，该种井壁取心为岩性的识别鉴定提供了有效手段，在某种程度上为测井孔隙度标定提供了一定的参考依据。

表 1-2　各类取心资料能进行的常规分析化验项目对比表

分析项目	钻井取心		旋转井壁取心		炸药式井壁取心	
	可进行的项目	可靠度	可进行的项目	可靠度	可进行的项目	可靠度
压汞	√	高	√	中等		
离心机	√	高	√	中等		
岩电分析	√	高	√	中等		
覆压	√	高		中等		
相渗	√	高		中等		
常规孔渗	√	高	√	中等	√(只能测孔隙度)	低
粒度	√	高	√	高	√	中等
铸体薄片	√	高	√	高	√	中等
图像分析	√	高	√	中等-高		

（3）地层电缆测井技术（MDT）：MDT 已经发展多年，目前海上主要使用 MDT 测井。通过测压资料可以判断气藏的气-水界面；通过测压、泵出、光谱分析、取样等技术了解流体性质，气体组分等，在储层条件和井眼条件满足的情况下，为低电阻率隐蔽气层提供直接、快捷、准确的识别方法；同时高精度的压力资料为判断气藏系统也提供佐证。

（4）开发风险及潜力评价技术：由于边际油田储量规模、地质条件的复杂性等影响，勘探评价过程中难于取得丰富的资料，资料的代表性也因为储层的复杂性有限，在地质油藏认识上有一定的不确定性。在进行开发方案编制的过程中特别注重潜力和风险的分析，仅可能在开发方案中给以考虑。如涠洲 11-1N 油田主力层没有钻遇油-水界面，储量还有扩边的潜力，但为了回避该油田由储层非均质性强带来的储量和开发效果的风险，没有考虑由油底进行外推计算的控制储量，但在开发方案中，对钻井实施要求给予了特殊考虑：专门部署领眼井去落实含油范围，以期探明更多的储量和进一步落实储层的分布特征；优先钻探关键部位的井，进一步落实储层风险，为后面的开发井提供进一步钻探或调整依据。在涠洲 6-9 油田、涠洲 6-10 油田的开发方案中也有类似的考虑。

涠洲 11-1 油田目的层为流三段，属异常高压陆相沉积油藏，主力层储层厚度大，平面分布稳定，采用注水开发的方式，但依然存在平面连通性差的风险。为了规避该风险，达到方案预测的开发效果，经反复论证增加一口开发井，该井不参加指标预测。经开发井钻探和初步生产资料表明，储层连通性远比预测的更为复杂。另外，评价井 WZ11-1-2 井钻在油藏较高部位，测试气油比较高，高部位不排除气顶存在的可能，故在钻井顺序上优先考虑钻探高部位的生产井，如该井钻遇气层，则对其他开发井井位进行相应的调整。通过开发方案中这些规避风险挖掘潜力的充分考虑，为开发方案顺利实施提供了依据。

（5）少井高产技术：涠西南凹陷的油田，产能相对较高，主力油层的净毛比相对较高，故多数油田以水平井的方式进行开发，主要目的是减少生产井数，增加单井泄油范围，增加储量的动用程度，同时进一步提高单井产能，使油田可以以较少的生产井较高的采油速度进行生产，缩短生产期。涠洲 11-4N 油田的涠洲组、涠洲 6-1 油田的产能高，但储量规模有限，采取少井高产的策略，生产期为 5～6 年左右，大大减少了平台使用时间，降低开发成本，提高开发的经济效益。

（6）水平井及水平分支井技术：为降低开发井数、增加泄油范围和提高单井产能，在储层条件满足情况下，选择常规水平井、加长水平井或水平分支井等进行开发，通过实践和分析认为，这类井型的应用可提高产能 3～5 倍。在目前的油田开发中得到较广泛的应用，主要用于储层纵向相对连续、油田开采层相对少的油田。如涠洲 6-9 油田、涠洲 6-10 油田和涠洲 6-8 油田的生产井基本都以水平井或水平分支井为主。

2. 油田建设技术

深化井壁稳定及其配套钻井技术：井壁稳定问题与钻井工程密切相关，也一直困扰着石油钻井。北部湾盆地涠西南油田具有断层多、地层复杂、地应力各向异性、油气藏分布变化大等特征，大大增加了该区域的钻井工程难度，其中尤其以井壁失稳问题最严重，极易诱发井下复杂情况和井下事故。从北部湾盆地涠西南凹陷已开发的油田，如涠洲 10-3 油田、涠洲 12-1 油田等的不完全统计来看，钻井工程复杂事故率达到 60%以上，其中，多次出现埋钻具、井眼报废侧钻等重大钻井复杂事故，导致油田开发成本增高，进度滞后，影响恶劣。因此，需要通过以下 4 个方面来保证井壁的稳定性。①确定安全钻井密度：为了保证井壁稳定，必须保证井内钻井液液柱压力大于地层坍塌压力并小于地层破裂压力。因此以地层坍塌压力当量钻井液密度为基准，并参考井眼轨迹、钻入复杂地层的井斜和方位等参数进行修正来确定一个合理的钻井液密度是科学的。②强力防塌油基钻井液技术：使用强力防塌油基钻井液体系，加强泥浆封堵性能，维护钻井液乳化稳定和性能的稳定性，降低失水，坚持活度平衡原则，能够有效抑制滤液进入微裂缝性地层，有效提高地层稳定性，对安全快速钻井起到至关重要的作用。③优化井眼设计：根据井壁地层坍塌压力与井斜角和井眼方位角的修正关系，在满足地质油藏开发要求的情况下，进行井轨迹优化，由于海洋丛式钻井的需要，方位方面调整的余地不大，这样就从降低井眼穿越复杂地层的钻入井斜角入手以降低风险。④减少裸眼暴露时间：快速通过复杂地层，减少暴露时间，从而减少钻井液滤液等浸入微裂缝的量，降低泥页岩的水化程度，这对井壁稳定是一项实用技术。因此，应该选择先进的钻井工具来提高作业时效。目前主要通过使用先进的旋转导向和随钻测井系统，选用优质聚晶金刚石复合片钻头(polycrystalline diamond compact bit，PDC)，雇用先进的海上钻井装置及作业队伍等来提高作业效率。

(1) 旋转导向技术：随着石油勘探和开发的深入和发展，对井身质量的要求越来越高，特别是在边际油田的开发中，由于地层复杂性，使对定向井和水平井的井深结构要求也越来越复杂，同时还要求高的钻井时效，采用旋转导向技术可以实现定向、增斜、稳斜、调整井斜和调整方位等连续作业而不需要变化钻具组合，采用随钻实时监测井眼轨迹的变化情况，及时预测井眼发展趋势，合理调整钻井参数和钻井方式。在涠西南凹陷的边际油田开发中为了降低油田开发成本，多靶点井、大位移井或水平井采用较多，而旋转导向钻进技术的合理采用，能够满足该井的轨迹要求，并在提高钻井速度、保证井下安全方面发挥了重要的作用。

(2) 简易平台技术：在涠西南凹陷，由于所处海域水深较浅，生产井数少于 3 口、依靠天然能量的油田采用单腿 1 筒 3 井无人平台进行生产；如生产井数 4~6 口，依靠天然能量进行开发，则采用 4 腿无人简易平台进行生产；4 腿有人简易平台被应用在开发井数较多且需要注水开发的油田中。这些平台新技术有针对性的应用，大大降低了工程投资。

(3) 油田群联合开发技术：目前涠西南油田规模都较小，为了增加开发的经济性和抗风险能力，在依托现有生产设施的基础上进一步采用联合开发技术共享资源，降低开发成本。主要有两种方式：一是成群建设(联合建设)，多个油田同时进行开发实施建设，可以大大降低由钻井船、铺管船、工程实施船等船只动用的动复原费，从而达到开发投资降低的目的。另外，由于多个油田同时进行开发方案的研究，在生产设施上尽可能考虑共享，在生产设备的配置上也统一安排，这样除了可以直接降低开发投资外，还简化了今后生产操作的准备，降低了生产成本。二是在条件许可的情况下，用一个平台来开发多个油田，使开发投资大大降低。如涠洲 6-9 油田和涠洲 6-10 油田都属于小规模油田，各自建平台开发，开发投资大，但会更有利于开发井的部署，井网部署会更完善，开发效果更理想。如果共享 1 个平台，开发井部署合理性相对降低，个别层井网难以完善，开发效果变差，通过综合评价，最终采用两油田联合开发的模式，增加了油田开发的经济性。

3. 老油田设施改造技术

电力组网技术：老油田的生产设备和涠洲终端都有发电机组，但都没有全面有效的应用起来，而由于受到边际油田开发成本的限制，往往需要减少类似设备的购置和安装，为了充分利用资源，降低边际油田的开发成本，2006 年开始对涠西南凹陷油田的电力系统进行并网，即通过海底电缆将海上平台的发电机组与终端发电机组的电力集中起来，再通过电缆输送到各个平台上，供油田生产需要。涠洲 11-1N 油田就是该项工程改造受益的第一个油田。

4. 天然气综合利用技术

由于所投产的油田越来越多，伴生气的产量也大大增加，如何合理利用伴生气资源，增加涠西南凹陷油田开发的整体效益，也尤为重要。这些伴生气，除了油田开发中的自耗外，通过建造涠洲 12-1PAP 平台，实现了涠洲 12-1 油田中块涠四段的注气开发，注气开发的实施为涠西南凹陷今后油田的开发提供了一种新的开发方式，另外，通过工艺的改造，在涠洲 6-1 油田南块开发的气举生产为该区提供了一种新的开采方式。此外，还对涠洲 12-1 油田的高、低压分离器进行改造，将各油田的伴生气通过上岛管线，集输到涠洲岛终端，在满足正常生产的前提下提供给下游用户，即提高了经济效益，又达到了节能减排的效果。

第 2 章　海上边际油田的特点

2.1　国内外现状

边际油田(marginal field)是指已发现的至少有一口探井发现油层的未开采或被放弃的油藏，是被目前所有者根据油田特征、现有的设施条件、现行的财政条件和市场条件认为具有边际经济而未考虑开发的油田。我国陆上边际油田主要针对油藏的地质条件和流体特性而言，包括低渗透、稠油及复杂断块等特殊类型难采油田。

2.1.1　国外情况

1. 尼日尔三角洲边际油田概况

尼日利亚石油资源部(DPR)在 1996 年第 23 号石油法规(修订版)中将边际油田定义为凡是给石油资源部年度报告中有储量，并未投入开发达 10 年以上的任何油田，并明确边际油田具有以下特征。

(1)被石油开采许可证所有者认为在现有财政条件下为边际经济的。

(2)在一个构造上有一口探井，并报道油气发现达 10 年以上的油田。

(3)有部分评价，但自报道有油气发现后超过 10 年以上未投入开发的油田。

(4)原油性质与目前原油不同，如高黏度和较低的 API 度[①]，不能通过常规方法开采的油田。

(5)有一口或多口钻井，但由于公司排队结果而未投入开发的油田。

(6)含气高、含油低的油田。

(7)被作业者搁置达三年以上的油田。

(8)目前作业者考虑财政资金合理性而将转包的油田。

统计资料表明，尼日利亚现有边际油田 183 个，其中陆地油田 92 个，沼泽油田 52 个，滨海油田 39 个。其中陆地油田可采储量集中在 1000×10^4 桶以下，沼泽油田可采储量集中在 2000×10^4 桶以下，滨海油田可采储量则集中在 $1000 \times 10^4 \sim 5000 \times 10^4$ 桶。这些边际油田主要分布在壳牌石油公司所拥有的区块内。

2002 年，尼日利亚国家石油资源部从 183 个边际油田中，正式确认了 11 个边际油田。这 116 个边际油田总的可采储量 12.69×10^8 桶，单个油田平均为 1090×10^4 桶。其中有 91 个边际油田的可采储量小于 1500×10^4 桶，占边际油田数的 78%。

---

① API 度为美国石油学会用以表示石油及石油产品密度的一种量度，美国和中国以 API 度作为其原油分类的基准。其标准温度为 15.6℃，它和 15.6℃时相对密度的关系为：API=(141.5/相对密度)−131.5。

2. Stubb Creek 边际油田基本概况

Stubb Creek 边际油田位于尼日尔三角洲 OML-14 区块中西部,紧邻 OML-13 区块的东部,面积约 27km^2(图 2-1)。OML-14 区块位于尼日尔三角洲的最东端,面积约 550km^2,区块西北部为红树林沼泽区,东部位于海岸线附近。Stubb Creek 边际油田发现于 1971 年,目前完成的勘探工作量较少,20 世纪 60 年代至 70 年代间曾进行过二维地震勘探,共布置 11 条测线(45km),局部测网密度为 1km×0.5km~1km×1km,70 年代初共钻三口探井(其中一口在油田边缘),80 年代初钻评价井 1 口,目前这 4 口钻井均处于闲置状态(表 2-1,图 2-2)。

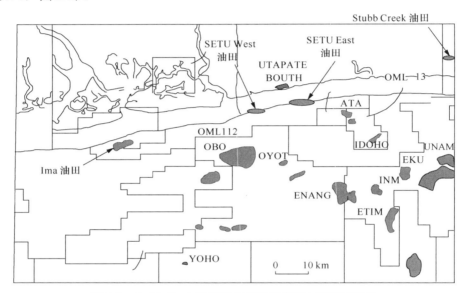

图 2-1 　Stubb Creek 边际油田位置示意图(文后附彩图)

表 2-1 　Stubb Creek 边际油田钻井基本数据表

井号	井别	井型	井口座标		地面高程 /m	补心高程 /m	完钻深度 /m	钻井进尺 /m
			E/m	N/m				
1	探井	直井	635447	66444	5.2	10.0	1837.6	1828.8
2	探井	直井	635455	63733	3.9	10.0	2537.6	2533.2
3	探井	直井	636575	62898	5.7	12.5	2998.6	2990.4
4	评价井	定向井	637685	64127	3.9	10.05	2490.2	2484.4

3. Stubb Creek 边际油田基本油气地质特征

1)Stubb Creek 边际油田构造特征

OML-13 区块位于 OML-11 区块的东部,在 OML-11 区块内三个主要沉积相带汇集形成了 8 个巨型构造。延伸进入 OML-13 区块后,它们又进一步合并成 5 个巨型构造(图 2-3),每一个都具有各自的构造和沉积演化历史。

图 2-2　Stubb Creek 边际油田钻井示意图（文后附彩图）

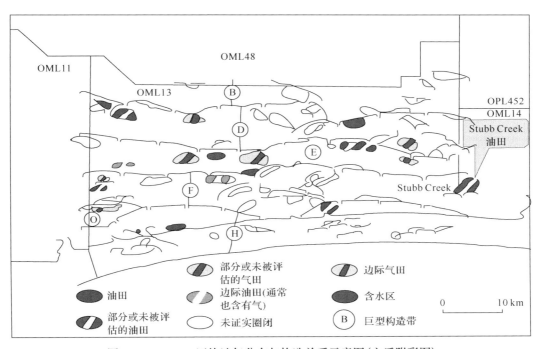

图 2-3　OML-13 区块油气分布与构造关系示意图（文后附彩图）

2) B 巨型构造

跨越 OML-13 区块的北部边界，在该构造带只钻有一口干井——Utu-1 井。推测阿格巴达组沉积和同沉积期的构造形变发生在距今 680Ma[①]年（P680）。预计地层厚度从西部的最大 1700m 变化到东部的最小 500m。在这一带的中部和东部已确认了几个未经评价的圈闭构造。

3) D 巨型构造

构造带走向为 EW 向，并位于 B 巨型构造以南。推测阿格巴达组沉积及同沉积期的构造形变发生在距今 720~740Ma 的。预计地层厚度从东南部和西部的 830m 变化到阿卡塔组的 1300m。在这一带已局部评价了 Ibibio、Akata 和 Etebi 3 个油田。除此之外，在其中央地带和巨型构造主体的东部地区还有一些圈闭未经评价。

4) E 巨型构造

一个横穿 OML L-13 区块中央地带的狭窄构造带，在这一带已经发现了 Ekim 和 Uquo 两个气藏及 Akan 和 Eket 两个油气聚集带。推测阿格巴达组沉积和同沉积期构造形变发生在距今 770Ma。预计地层的厚度从 Ekim 地区的 2000m 变化到东部的 630m。目前，该巨型构造带只有少数几个圈闭未经评价。

5) F 巨型构造

位于 E 巨型构造的南部，在这一带的西部已发现了一个局部评价的油田（Ete）和两个小型油气聚集带（Ibotio 与 Akai）。推测阿格巴达组沉积和同沉积期构造发生在距今 784Ma。预期地层厚度从东西两边的 170m 左右变化到中央地带的 500m。在西部还有两个圈闭未经评价，其中 Ekop 是 Ibotio-1 上倾方向的一个下倾/上盘圈闭。Ete Deep 是一个任何井都未钻遇的陡立上盘圈闭。该巨型构造断层发育，构造复杂的中部区域已发现了几个圈闭，此处目的层厚度最小。Stubb Creek 边际油田就处在这一巨型构造的东部。

6) H 巨型构造

该巨型构造横跨 OML-13 区块南缘，而且使从 OML-11 区块延伸过来的 G 巨型构造截尾。在该巨型构造内有未经评价的油气发现（Ete South）。在 H 巨型构造内已经发现了 Utapate 南部、Utapate 西部和 Qua Ibo 局部评价的油田。推测阿格巴达组沉积和同沉积期构造形变发生在 P780 时期，近海地层的厚度除了在该区中西部为 830m 外，其余厚度均为 1000m 左右。Afam 泥岩深切 OML-13 区块西南角近海地层，在此处构成 Utapate 南部油田很好的盖层。在西南翼还发现了一个未经评价的圈闭（Kampa），在 Kampa 远景区东部则发育了一些小的未经评价的圈闭。

4. Stubb Creek 边际油田地层特征

OML-13 区块位于新生代尼日尔三角洲的最东端，自晚渐新世以后沉积了三角洲地层。由于沉积环境处于边缘，该区域三角洲沉积的厚度不到尼日尔三角洲中心厚度的一半。在 OML-13 区块已经发现了 5 个 EW 走向的巨型构造。比较显著的特征是每个巨型构造的北部为砂岩层，而南部则发育较多的泥岩层。由于页岩底辟作用，在这些巨型构

---

① Ma.百万年。

造的远端局部发育有向北倾斜的反向断层(图 2-3)。此外,Afam 河道的存在也是 OML-13 区块的一大特征。在中新世的晚期,Afam 河道是被大部分泥岩充填并延伸出东部地区的河口。在其最南端,也就是 Mobil 和 Elf 区块连接处最重要的圈闭影响因素 Qua Ibo 河道的发育地,一条被上新世泥岩充填的河道开始出现在前缘。

典型的尼日尔三角洲地层层序遍及整个 OML-13 区块。阿卡塔组为全海相页岩,该组地层也是 OML-13 区块的典型地层。阿格巴达组为河海交互相沉积地层和海岸及下海岸平源相砂泥交互层,贝宁组为上海岸平原相砂岩。

从该区块岩性地层单元的跨时沉积特征可以看出,三角洲具有非常明显的进积及海退特征。阿格巴达组(近海地层)的发育从北部中新统的早期到南部中新世的晚期经历了 5 个连续的阶段。在东南部,中新世的晚期的全海相 Afam 泥岩覆盖其上,呈不整合接触。这些泥岩的存在说明在上海岸平原相砂岩(陆相)向海推进,使该地区沉积历史结束之前发生过一次大规模的河口湾侵入。由于最南部的上新世的全海相 Qua Ibo 泥岩的侵入,这些砂岩沉积被中断。

5. Stubb Creek 边际油田油气分布规律

从目前的勘探成果来看,OML-13 区块及其周围的 OML-14 等区块都发育有一系列近 EW 向的大断层及次生断层。受断层影响,Stubb Creek 油田发育的圈闭大多为构造圈闭,此外,还有少量的地层-岩性圈闭。构造圈闭类型主要有背斜、断块和断鼻等(图 2-4、图 2-5),地层-岩性圈闭则可能发育在盆地的深部,其形成与地层尖灭和沉积物的供应不足有关(图 2-6)。

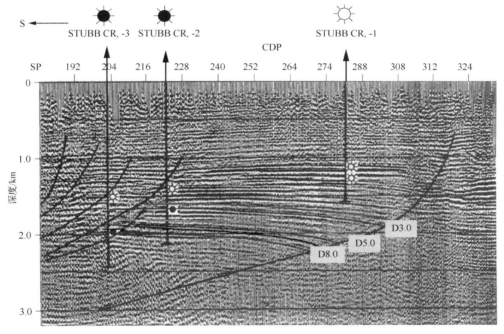

图 2-4 Stubb Creek 油田 14-75-2-173 测线地震地质解释结果(文后附彩图)

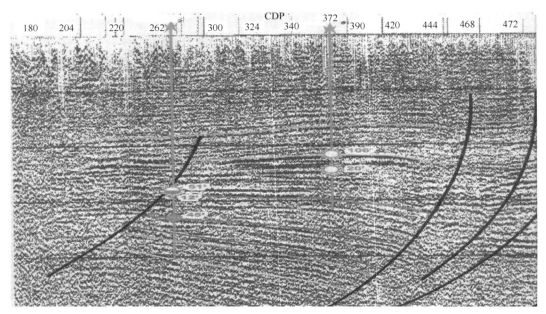

图 2-5　Stubb Creek 油田 14-80-1-050 测线地震地质解释结果（文后附彩图）

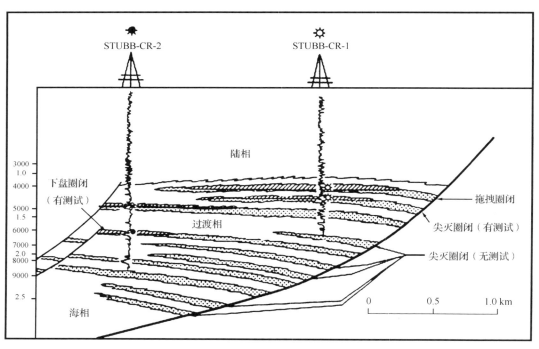

图 2-6　Stubb Creek 油田地层—岩性圈闭示意图

从油气分布规律来看，Stubb Creek 油田的油气层主要分布在断层的下盘（图 2-7、图 2-8）。

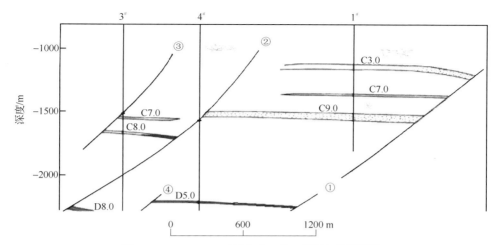

图 2-7　Stubb Creek 油田 3#—4#—1#井油藏剖面图

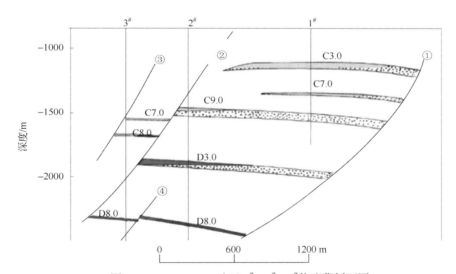

图 2-8　Stubb Creek 油田 3#—2#—1#井油藏剖面图

2.1.2　国内情况

　　滚动勘探开发是我国勘探人员根据我国东部各断陷盆地的勘探开发特点，在实践中摸索而创造的适合复杂断块油气田的勘探开发手段。国外石油公司经营理念与国内有很大不同，勘探与开发程序清楚，集中开发地质情况相对简单，油气储量相对富集，储量大，经济效益好的油气田，注重开发后期管理，故一般不采用这种做法。

　　国内最早进行滚动勘探开发的是东辛油田，经过多年的探索，摸索出了一套对复杂断块油田的开发政策：对一个断块区在详探井见油后，要按照"整体设想、分批实施、及时调整、逐步完善"的钻井程序，完善开发井网，尽可能避免钻低效井。对一个具体断块要先占高点、逐步蔓延、先不探边、不求完善。经过试采后再补充完善井网。应采取评价一块、准备一块、开发一块、建设一块、投产一块的交叉打井方法，使整个复杂断块油田的开发建设交叉滚动前进，收到了较好的效果。逐步探明储量 2.34×10^8t，原油年产量从最初的 80×10^4t，发展到 300×10^4t，增加到最初的 3 倍多。目前，该方法已被广泛地应用于陆地各大石油单位，如江苏油田、辽西油田、大港油田等，取得很好的效果，还积累了各自有别于整装大油田的复杂断块勘探开发方法。

复杂断块油田在开发程序上和整装背斜构造油藏有很大的区别：一般整装大油田在经过详探评价和开发准备工作后，就能基本清楚地下构造和主力油层的分布状况，能编制油田开发方案(包括打井方案和注采方案)，在实施中集中钻井、作业力量，一次完成开发井网的投产工作。而断块油田，虽然有些处于背斜构造背景上，但为众多断层所复杂化，每个断块都是一个独立的油藏，断块间的含油层位、富集程度、油水关系、原油性质及产能高低有很大差异。特别在海上，由于成本原因，探井很少，在基本探明一个油田后，就要进行开发可行性预可研、可研等研究，地下的未知因素多，需要在开发生产中不断调整。这就决定了勘探阶段必须精雕细刻，有超前思维，基本弄清油田的储量规模及油藏特征，指导开发生产部署。开发阶段尽勘探未尽之事，补取关键资料，根据新出现的问题及时调整开发井网和注采系统，及时反馈给勘探，以便指导以后的勘探；生产阶段，通过各种提高采收率措施降低成本和开发下限，促进勘探开发；在整个过程中，大力发展科技，有针对性地制订科技发展规划，通过科技攻关为勘探开发生产服务；进行滚动勘探开发生产，并在实践中不断完善，以适应不同的客观现实要求。也就是滚动勘探、开发、生产，三者相互结合，相互促进，使整个油区经济效益最大化。

1. 北部湾盆地勘探开发生产概况

北部湾盆地涠西南凹陷是一个优越的富生烃凹陷，始新统流沙港组是凹陷内的主要烃源岩，烃源岩面积约为 $1500km^2$。据黄保家等于 2007 年的新一轮资评结果：流沙港组总生烃量 114×10^8t，资源量 11×10^8t(约 $12.9\times10^8m^3$)，因此，推测涠西南凹陷油田可探明地质储量 $4\times10^8\sim9\times10^8m^3$，可采储量 $1\times10^8\sim2.5\times10^8m^3$。涠西南凹陷断裂发育，其不同构造、沉积背景具有不同的地层分布、储盖组合、圈闭类型，并具有不同的油气运聚特征，但总体具有满凹含油、纵向叠置、横向连片的复式聚集特征。

自 1977 年开始油气勘探钻井以来，在经历了 1977~1986 年的自营探索与合作勘探之后，涠西南凹陷勘探自 1987 年迎来了自营勘探的高潮，目前涠西南凹陷已钻井 91 口，探井成功率为 60%；已钻构造 40 个，发现油田/含油气构造 26 个，构造成功率为 65%。在生产油田 6 个，在评价油田 7 个，待评价含油气构造 14 个。至 2008 年 2 月，涠西南凹陷已发现原油三级地质储量约 $3.6\times10^8m^3$(其中探明 $1.95\times10^8m^3$)。

涠西南凹陷现有涠洲 12-1、涠洲 11-4、涠洲 11-4D、涠洲 6-1 潜山、涠洲 11-1、涠洲 11-4N 共 6 个油田在生产，已有的生产管网与涠洲岛陆上油气处理终端相连，形成了一套完善的油气田开发生产设施。高峰年产能 $260\times10^4m^3$，目前年产量约 $150\times10^4m^3$。

目前，涠西南凹陷剩余经济可采储量有 $1799\times10^4m^3$，储采比为 16.4。除正在开发的 6 个油田外，还有 13 个油田或含油构造待开发，另有 17 个未钻目标，圈闭资源量 $4.049\times10^8m^3$。通过含油气构造的进一步评价和未钻目标的钻探，有望再探明 $2.5\times10^8m^3$，具备

建成稳产 $350×10^4$~$400×10^4m^3$ 的储量基础。

潿西南凹陷原油勘探开发生产存在以下主要问题：①在生产油田剩余经济可采储量仅有 $690×10^4m^3$，储采比较低（储采比为 5.7）；②原油勘探的主要目的层为流沙港组，地质储量大，但基本为"三低"油气藏，产能低、采收率低、勘探开发成本高；③单个油气藏规模小，必须连片开发才能体现和提升价值。

2. 北部湾盆地地质油藏特征

1）富生烃凹陷，良好的资源基础，勘探程度较低

潿西南凹陷经历两次湖盆鼎盛时期，相应沉积了两套（潿洲组和流沙港组）中深湖相暗色泥岩，其中潿洲段暗色泥岩有机质含量低于流沙港组，且埋深较浅，几乎不具备生烃能力；流沙港组中深湖相暗色泥岩，特别是流沙港组二段的中深湖相泥岩及油页岩地层有机质含量高，是很好的烃源岩。

始新统湖相烃源岩主要发育于古近纪被动热事件形成的半地堑，地震剖面上表现为一套低频、似平行、连续的弱反射层。流沙港组分布面积为 800~1380km²，厚度为 500~3500m；钻井揭露流一段、流二段泥岩比较发育，通常占 70%~95%。渐新世潿洲期，由于 2 号和 3 号断层活动将潿西南统一的烃源岩体分割成 A、B、C 三个生烃洼陷。其中，烃源岩主体分布在 B 洼陷（洼陷面积为 780km²，暗色泥岩体积为 590km³），其次为 A 洼陷（洼陷面积 315km²，暗色泥岩体积 401km³），C、D 洼陷暗色泥岩则较少（洼陷面积分别为 193km² 和 44km²，暗色泥岩体积分别为 151km³ 和 23km³）。

有机地球化学分析及研究表明，流沙港组湖相暗色泥岩有机质丰度高，生烃潜力大。去除流沙港组一段和三段含煤样品高 TOC 的影响，流沙港组有机碳的范围为 0.22%~9.03%，主要分布于 1%~4%，平均值为 2.15%；生烃潜量（S_1+S_2）分布范围为 0.10~48.08mg/g，主要分布于 2.0~20.0mg/g，平均为 9.07mg/g，氯仿沥青"A"的范围为 0.0110%~1.4350%，主要分布于 0.1000%~0.7000%，平均为 0.2454%；热解生烃潜量更为特征，流二段高达 10.48mg/g，高于流沙港组三段和一段，有机碳含量亦以流沙港组二段最高。

根据生油岩评价仪（Rock-Eval）热解分析资料，流沙港组绝大多数样品的氢指数（HI）为 200~600mg/g，在 HI-T_{max}℃ 分类图上，样品数据点主要落在 Ⅱ 型之域，有机质以 Ⅱ$_1$ 型及 Ⅰ 型干酪根为主，少数样品点落在 Ⅱ$_2$ 型及 Ⅲ 型范围内。干酪根元素分析结果与 Rock-Eval 热解分析结果基本一致，潿西南凹陷流沙港组烃源岩干酪根富氢贫氧，H/C（原子比）高，O/C（原子比）低，以 Ⅱ$_1$ 型为主，次为 Ⅱ$_2$ 型。结合沉积学研究成果获知，潿西南凹陷在古近纪长期处于非补偿的沉积条件下，主要在流沙港组沉积期间，所形成的中深湖相暗色泥岩特别发育，有机质物源极为丰富，而且是以湖生浮游植物为主。形成于有利生烃条件下的流沙港组富藻暗色泥岩含有较多的富氢分散有机质，具有很高的生烃能力。

最新盆地模拟结果显示，潿西南凹陷主力烃源层流沙港组总生烃量达到 $114×10^8t$，资源量 $11×10^8t$；总生气量达到 $22.31×10^{11}m^3$。流沙港组二段底部油页岩生烃量达到 $9.4×10^8t$ 左右，特别是流二段底部油页岩生排烃效率均比较高。

潿西南凹陷中部流沙港组下部烃源岩在流沙港晚期便开始生烃，现今流沙港组上部

烃源岩仍处于生烃阶段。其中，主力流二段烃源岩存在两个生烃高峰期：渐新世中晚期和中新世至现今，以晚期为主，有利于油气晚期成藏和保存。涠西南凹陷的 A、B 洼陷中部流沙港组烃源岩晚新世进入高成熟阶段，有一定数量天然气生成。

生烃强度是评价富烃凹陷的综合指标。研究表明，一个含油气盆地生烃强度既反映了其源岩有机母质的优劣，同时也反映了有机母质向油气转化的地质地球化学条件及源岩生烃潜力的大小。勘探实践表明，大多生烃强度较大的沉积盆地，一般能获得工业性油气流。因此，从某种意义上来看，生烃强度是衡量一个沉积盆地天然气充注能力的综合指标。根据上面计算的涠西南凹陷生烃量结合流沙港组烃源岩分布面积，获得凹陷的平均生烃强度为 $980t/km^3$，油气资源丰度为 $80 \times 10^4 t/km^2$，远大于龚再升和王国纯(1997)提出的富生烃凹陷的标准：源岩生烃量大于 $500 \times 10^4 t/km^3$，油气资源丰度一般大于 $15 \times 10^4 t/km^2$。尤其值得一提的是，由于北部湾盆地涠西南凹陷大量生烃较晚，与圈闭形成期时空配置好，因此有利油气成藏和保存，这已被该区的勘探成果印证。

2) 油气藏类型多样、分布复杂

涠西南凹陷油藏类型多样，包括断块、地层、岩性、古潜山、构造岩性复合油藏等，具有纵向叠置、横向连片的油气聚集特征，但构造油气藏规模较小，断裂发育，较为破碎，单井控制储量规模小，油气田稳产时间短，产能递减快。储层非均质性强(特别是流沙港组)，产能变化大，原油性质差异大，为储量评估和开发带来较大的难度；部分流沙港组储层具有低孔、低渗、低产的特点，含油气后电阻率忽高忽低，在识别油气层上存在较大的难度。受流二段顶、底部低速油页岩屏蔽，流三段地震成像不好，地震分辨率不高，为构造落实与储层描述带来了很大的难度。

涠西南凹陷不同构造-沉积背景具有不同的地层分布、储盖组合、圈闭类型，具有不同的油气运聚特征，因而具有不同的成藏模式。

(1) 边缘隆起区：缺失古近系，仅发育新近系，圈闭类型也是比较单一的潜山＋披覆背斜，晚期侧向运移聚集成藏，主要在基岩潜山发育潜山油气藏、在下洋-角尾储盖组合中发育披覆背斜油藏。

(2) 缓坡区：单斜背景，古近系层层超覆，局部发育向凹或向隆的断层。向凹断层与古地形共同构造成了一系列坡折带，造成了沉积相带的分异，坡折带的下倾方向是扇体发育部位，坡折带的顶部一般只发育小型的下切谷充填体，同时也是地层超覆尖灭线和不整合的发育部位，可以形成各类隐蔽圈闭；向隆断层为反向正断层，可在局部区域形成屋脊断块圈闭。这一区域圈闭形成时间有早有晚，隐蔽圈闭随盖层沉积完成而形成，断块圈闭随断层活动形成，而涠西南凹陷自渐新世中后期开始向缓坡区持续供烃，因而成藏时间较长。油气藏类型主要有：地层超覆油气藏——涠洲 12-3、涠洲 6-12 涠洲组油藏；断层＋岩性油气藏——涠洲 12-2 流二段油气藏；屋脊断块油气藏——涠洲 11-6 构造可能成藏。

(3) 陡坡区：由于控凹断层横向活动的不均衡性与后期局部隆升，在陡坡带形成一系列鼻状构造，小型断鼻(或断背斜)发育于流一段到涠洲组地层中。同时，陡坡带流一段和涠洲组地层内低水位体系域发育一系列盆底扇和小型扇三角洲，高水位体系域发育大型扇三角洲和水下扇，形成了一系列岩性圈闭。鼻状构造背景为油气运移提供方向，各类砂岩体的发育为油气运移提供通道、为油气聚集提供储集空间，因此，陡坡带形成构造＋岩性油气藏复合连片的地方，具有巨大的勘探潜力。

(4) 洼槽区：负向构造单元，构造圈闭不发育，但低位盆底扇、滨浅湖砂岩超覆、高位水下扇等隐蔽圈闭发育，距生烃源近(甚至位于成熟烃源岩中)，油源条件优越，易于形成各类隐蔽油气藏，且可能单个油藏规模较大。

(5) 中央构造带(2 号断裂带)：沉积背景与洼槽区相似，受后期断裂活动影响，形成一系列与断层相关的圈闭。因此，无论该区域是构造圈闭、岩性圈闭，还是构造＋岩性复合圈闭均比较发育，且纵向多层圈闭叠置、横向多类圈闭连片分布。同时断层的活动还沟通了烃源岩，使油气运移相当活跃。因此该区域是岩性地层油气藏和岩性油气藏纵向多类型、多层系叠置，横向多油藏连片的分布特征。

3) 原油特性对开发生产要求高

北部湾盆地共有 6 个油田、1 个终端处理厂，每个油田的原油密度、蜡含量、凝固点都不同，并且差别也较大，如原油密度为 $0.8082 \sim 0.906\ g/cm^3$，蜡含量为 $8.95\% \sim 28.8\%$，凝固点为 $19 \sim 38℃$。尽管它们的原油性质有差异，但呈现出来的共同特点是低密度、高含蜡、高凝固点。

高含蜡、高凝固点的原油要求在更高的温度下处理、输送，相应对生产管网要求很高、对生产处理设施的配备要求齐全才能有效地分离油气水、并能远距离地安全输送原油。

每个油田除了分离器、外输泵、污水处理装置等设备以外，还配备了各种加热器，包括分离器、闭式排放罐等容器内的加热盘管共 22 套，总功率达到 18830kW。加热器还可加热海水，为计划停产后清扫及恢复生产前预热原油处理设备和海底管线提供热的海水，以免原油凝固在生产设备和输油管道里。

部分油田配备了降凝剂注入、降阻剂注入等化学药剂系统，通过化学药剂降低原油的凝固点、降低原油的摩阻，对原油的远程安全输送起到一定的辅助作用；每个油田还配备了破乳剂注入泵，提高油水分离的效率。

提高原油的温度是根本，输送原油的海底管线的保温措施亦相当重要。北部湾海域的海床温度为 $17.2 \sim 28.2℃$，海面温度为 $15.7 \sim 30.3℃$。环境温度远低于每个油田原油的凝固点，原油在输送的过程中将是个降温过程，所以保温工作相当重要。

北部湾盆地油田之间采取双层管和单层管输送原油和天然气，双层管的保温效果较好，共 79.45km，占北部湾盆地所有输油管线的 70.7%；单层管外敷保温层的输油管线保温效果稍微差一些，共 32.9km，占北部湾盆地所有输油管线的 29.3%。即使是双层管，流速在 $1200m^3/d$ 的情况下，原油温降亦达到 $0.7℃/km$，所以输油管线至少需要敷上保温层。同时，输油管线的设计温度比较高，达到了 $70 \sim 114℃$，以确保高温原油的输送，使原油到达终点时不会凝固；设计压力也比较高，部分管线达到 7.5MPa，以确保原油输送量。

4) 复杂的钻井工程地质条件造成大的钻井难度

北部湾盆地地层从上至下依次为第四系、望楼港组、灯楼角组、角尾组、下洋组、涠洲组、流沙港组和石炭系灰岩，主要开发层位为涠洲组和流沙港组。但同样也是这两个层位的地质条件复杂。其中，涠洲组二段存在一套灰色泥岩，吸水后极易膨胀，强度大幅度降低而造成掉落、垮塌；流沙港组二段有一套层理发育及硬脆的油页岩，也容易在外力的影响下剥落垮塌。

总体来说，北部湾盆地涠洲组及流沙港组存在如下钻井地质条件特征。

(1)断层多，主要断层包括涠西南断层及 1、2、3 号断层，同时受区域地应力的影响，在凹陷内存在众多小断层。

(2)地层强度存在显著的各向异性。

(3)微裂隙、层理发育。涠二段为大段冲积形成的灰色泥页岩，主要表现为层理发育，在区域和局部应力作用下，微裂隙发育。

(4)地层水敏性强，涠二段岩性成分以伊利石为主，间有蒙脱石、绿泥石等黏土矿物，水敏性强，遇水沿层理张开产生水化分散。

正是由于北部湾盆地钻井地质复杂，使该地区钻井工程难度相当大。20 世纪 80 年代到 90 年代末，北部湾地区钻井复杂事故率高达 62%～72%，甚至到 2003 年，钻井复杂事故率还保留在 40%以上。期间，有数家国外知名石油公司正因为该地区的钻井地质复杂，放弃了在该地区的勘探权益。

以上所述的复杂钻井地质条件，使该地区钻井要攻克常规井所没有的一系列技术难题：钻井液要解决抑制性及封堵性问题；定向井轨迹设计要考虑如何安全穿越或绕避复杂层段问题，井身结构要考虑垮塌周期短的问题等。这些问题不解决，将直接影响了钻井成功率、钻井复杂事故率、钻井周期及钻井成本；从另一个角度来说，也影响北部湾油气田的勘探开发进程，影响了一些边际油气田的能否开发或高效开发。可以说，北部湾井壁失稳是制约北部湾油气田勘探开发的技术瓶颈难题。

3. 海上作业特点

北部湾盆地目前投入生产的有 6 个海上油田和一个终端处理厂，与陆地油气生产和处理不同的是：通过海上油田将海底油藏中的原油和天然气开采出来后，需立即经海上平台集中进行初步的分离与处理后通过外输管线，将初步处理的原油和天然气分别送往陆岸终端进一步进行处理。海上油气的生产和处理特点是：所有的油气开采和初级处理工作完全是在海上平台上或其他海上生产设施上进行，因而海上油气的生产与集输较陆地开采有很大的不同，陆上油气田的开发生产技术和经验并不能都很好地应用于海上油气田的开发和生产。海上油气的开采有其自身的特点。

1)开发建设成本高

海洋石油及天然气开发具有技术复杂、施工难度大、不确定因素多、作业环境恶劣、投资大的特点，这些特殊性决定了海洋石油勘探开发生产的高技术、高风险、高投入，特别是在工程建设方面。

在内海、大陆架和深海海域开采石油和天然气的活动，工程的可行性分析、采集、处理、储输、外运等作业与陆上油气田开发有根本区别。海上油气开发涉及海洋学、气象学、水力学、流体力学、结构力学等学科，以及造船、航海、环境保护、材料、水声工程等专业技术。技术范围比陆上广，难度大。在海上开采石油、天然气，需应用海洋石油工程，建造各种海上平台和储油设施，为钻井、采油、储油设备和人员提供工作和生活场所。

海上油气田开发常规的主要海上工程设施有：①生产设施——海上生产及处理平台；②生产设施——水下井口生产系统；③输送设施——油气输送海底管道；④动力设施——动力及信号通讯复合电缆；⑤处理及储存设施——陆地终端；⑥处理及储存设施——FPSO（浮式生产储油船）等。

以上设施都要消耗大量的钢材，陆地建造技术要求高、难度大；大多要选用高尖端技术专利的设备及材料；设施的海上安装更需要使用巨型昂贵的海上施工作业船舶资源。在目前钢材、设备及施工作业船舶价格飞涨的情况下，海上油气田开发高投入的特殊性更为突出。

海洋油气勘探开发的大部分费用花在平台上等生产设施上，海洋石油平台的建设费用非常高，减少平台的建设是海洋油气勘探开发提高效益的重大课题。"海上的事陆上办"，钻井尽量采用大位移井、多底井、分支井等，大大提高了海上油气勘探生产的效益。

开发技术和工艺的重大改进有利于提高海洋石油开发的经济效益。为降低海上油气田开发的工程投资，采用新技术、新工艺是较为有效的途径，特别是对小型的边际油气田开发更具针对性。目前已经采用及正在研究的新技术、新工艺主要有：①简易生产无人平台——单腿平台、两腿三桩平台、三腿平台；②单层保温海底管线技术；③筒型基础移动式生产平台；④采用风能及太阳能；⑤海洋平台浮装就位安装技术（FLOAT-OVER）；⑥浮拖法海底管线铺设等。

2）生产操作成本高

海上油田操作费用主要由以下构成：处理设备设施维护费用、为采油、采气及油气处理提供电力的动力设备维护费用，如透平机、压缩机、机泵、马达等。柴油燃料费用、为采取各种井下技术作业措施，如酸化、气举、补孔、化堵、修井等所发生的井下作业费及修井机费用、人员费用、满足安全生产和环境保护的设施设备维护费、用于人员和物资输送的船舶、直升机租金等。因此，海上油田生产操作费用远比陆地上高，一般是陆地的 5~10 倍。

由于海上油田的开发生产成本高，为尽早回收投资，加快资金回流并取得良好的生产效益和经济效益，必须在较短的开采期内，通过采取多种形式的措施实现较高的采出程度。

3）安全、环保、节能减排要求高

海上生产平台的内部结构复杂、工作空间有限。为了满足海上平台生产、生活的需要，海上油气田平台既要配备从井口设施到工艺处理系统及外输系统的各种类型的设施设备，还要满足平台工作人员的生活需要，配备齐各类的生活及安全保障设施设备。由于平台规模大小决定了投资的多少，因此，要求平台上的设备尺寸要尽可能小，效率要尽可能高，布局要尽可能紧凑。在有限的工作空间内，海上油气田的开采、工艺处理和作业的难度格外大。另外由于平台空间的限制，对平台生产、作业的人员数量有严格的限制，因而对自动化设备的要求较高，一般平台上都需设置中央控制系统对海上油气处理和共用设施运行进行集中监控和集散处理。

（1）海上石油平台需具备可靠、完善的生产、生活供应保障系统。

海上生产设施远离陆地，从几十千米到上百千米不等，以北部湾涠洲油田为例，其最近的海上处理平台距离陆岸终端也有三十多千米。因此必须建立一套独立和完善的后勤保障供应系统以满足海上平台的生产、生活需求，如平台电力系统、油气输送系统、公用设施、人员物资运输支持系统、生活配套设施等。

（2）必须严格满足海洋环境保护的要求。

海上油气田勘探开发和生产过程对海洋环境有潜在的污染：一是正常作业的情况下，油田生产污水及其他污水的排放；二是各种海洋石油生产作业事故造成的原油泄露。为满足《中华人民共和国海洋石油勘探开发环境保护管理条例》的要求，海上油气生产设施必需设置油水分离设备、必要的含油污水处理设备，使之达标排放；还应备有原油泄露的应急处理设施设备、排油监控装置；应设置残油、废油回收设施、垃圾粉碎设备等。

（3）海上生产设施需适应恶劣的海况和海洋环境的要求。

海上平台要经受各种恶劣气候和风浪的袭击，如台风等，平台设施设备要经受海洋环境的腐蚀。为了确保海洋平台的安全性和可靠性，海上生产设施设备从设计选型、建造安装的各个环节都对防腐作出严格的要求，在正常生产中对包括导管架结构等的设施设备都需进行常年不间断的防腐处理工作。

（4）满足安全生产的要求。

由于海上油气田采出的油气是易燃易爆的危险品，各种生产作业频繁，发生事故的可能性很大。同时受平台空间的限制，井口设施、油气处理设施、生活设施等较为集中，多数都在同一平台。因此，对平台的安全生产提出了更严格的要求。为确保生产作业人员的安全、保证生产设备的正常运行和维护，海上平台在硬件上需配置火气探测与报警、紧急关断、消防、救生与逃生等系统。

（5）节能减排实施难度大。

海上各油田所处环境特殊，油田的生产平台远离陆岸终端，平台与平台间隔大，在油气开采和处理、生产水和气体的排放、电力需求等环节面临的外部环境相对独立，造成节能减排实施的难度增大。体现在以下两个方面：一是平台间资源如电力、天然气的富余量不平衡，但无法充分互补利用；二是伴随着油气的产出，生产水不可避免地大量产出，要解决生产水的减排甚至零排放问题，必须解决污水回注的技术难题和在各狭窄的平台空间增加更多的污水处理设施。

2.2 边际油田勘探开发模式

2.2.1 滚动勘探开发思路

1. 传统勘探开发生产存在的问题

传统上按单个油田为对象考虑建设规模和生产管理安排，即油田首先经过勘探发现后，再经过详探评价，基本清楚地下构造和主力油层分布状况及储量规模大小。再在此基础上，编制油田开发方案，然后进行 ODP 实施，完成开发井网的投产工作，并对油田进行精细的生产管理，主要存在以下问题和矛盾。

1）区域规模发展缓慢

海上油田勘探开发生产特点、复杂的油藏地质条件、钻井工程地质条件及海上生产的特殊性使传统做法难以满足实际生产的需要。以单个油田为开发对象的传统做法，造成生产成本高居不下，导致许多小油田不能投入开发，整个勘探开发生产的步伐会放慢，不能形成规模效应。

2）区域资源不能得到充分利用

生产设施分散、细小，使生产管理资源难以综合利用，抬高了生产成本，使开发效益降低，造成许多油田为边际油田，许多已经找到的油田不能动用开发，设施余力造成浪费。传统做法抬高了勘探的门槛，造成勘探成本上升，勘探上发现的成群成带连片分布复式成藏的小油田难以投入开发，造成勘探工作量越来越少，甚至没有探井工作量，导致开发没有后继储量，最终对凹陷的认识越来越悲观，勘探的道路越来越窄。特别在1997~2002 年，涠西南凹陷原油勘探投入萎缩，六年时间只钻探 3 口自营井和一口合作井，研究力量也大幅度削弱。总之，北部湾钻井工程地质及海上生产有其特殊性，抬高了勘探的门槛，造成勘探成本上升，许多油田为边际油田，进而束缚了勘探。同时设施余力不能利用，造成浪费，使勘探开发生产进入"恶性循环"状态。

3）区域经济利益无法达到最大化

在传统做法上，勘探、开发、生产三个板块都是独立运作，各自都在强调自身板块的利益最优，而没有考虑对其他两个板块产生的影响。也许三个板块自己独立考察是最优的，但整体来看，不一定是最优的。例如，在勘探阶段取资料，传统做法只需要考虑所取的资料能满足对油藏评价的要求，没有针对海上开发的特点满足开发的需求，开发阶段就会显得资料缺乏，或通过开发评价等手段来补足资料，勘探成本得到了控制，但却增加了开发成本。

2. 滚动勘探开发生产思路与技术路线

考虑油气勘探开发区域如何上产、形成规模，且长时间稳产；考虑设备余力的应用，降低开发成本，使边际的油田能够开发；考虑到整个区域效益最大化。由此提出滚动勘探开发生产的理念，促使勘探、开发、生产三者有效结合，促使区域效益最大化。在近几年，通过实践滚动勘探开发生产理论，促使一大批油田投入或将要投入开发，区域资源得到了充分利用，经济效益明显。

勘探、开发、生产三个方面工作的开展，不是各自独立进行的，而要从区域开发的长远考虑，在一个油区内从现有生产设施出发，在油田设施周边进行勘探，这样勘探门槛就会降低，包括一群更小规模油田在内的油田群就可以进行经济勘探，由于油田在设施周边，可以充分共享现有的设施，开发成本降低，发现后很快就会投入开发，开发后会进一步带动新油田周边的勘探，这样实现了从现有生产设施出发，到油田群勘探，再到油田群开发三者相互促进、相互依赖，同时在支撑油区勘探开发生产的技术发展和实践上要做到协调一致。因此，勘探、开发、生产一体化的理论探索和实践便提上日程，只有实现勘探、开发、生产一体化，才能降低勘探开发成本，促进边际油田的开发，促进勘探大胆实施，达到良性循环的状态，油区就会逐步增产稳产，就会实现油区效益最大化。

在工作中，紧密结合海洋的特点，实施海上滚动勘探开发生产一体化(图2-9)，针对已发现油田群和周边有利区带，利用现有开发生产系统，合理部署勘探开发生产，以地质研究为指导，以整体效益和谐发展为目标，实现勘探开发生产可持续发展，兼顾健康安全环保，勘探中有开发，开发实施中与兼探和调整相结合；从老油田油藏管理中发现问题，促进和指导勘探和开发的工作部署，多专业、多部门协同作战，针对勘探开发生产中的问题，大力发展适用技术，降低成本，推进勘探开发进程，提升油气的效益。

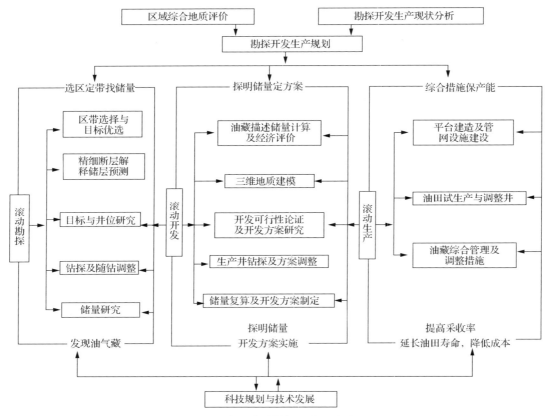

图 2-9　海上滚动勘探开发生产流程

因此，北部湾盆地滚动勘探开发生产理论探索与实践是当务之急，势在必行，而且具有非常重要的现实意义和战略意义。

2.2.2　理论的探索

为了指导类似于北部湾盆地涠西南富生烃凹陷复杂断块油田的滚动勘探开发实践，几年来，笔者结合涠西南凹陷滚动勘探开发生产的实际，对海上滚动勘探开发的理论进行了大胆探索，主要结论成果如下。

1)提出"两期找砂、三面控藏、断-脊运移、复式聚集"油气成藏理论

在区域研究的基础上,对涠西南凹陷进行了整体解剖和深入研究,提出"两期找砂,三面控藏、断-脊运移、复式聚集"油气成藏理论,通过反复实践,取得了显著的勘探效果。

(1)两期找砂:裂陷初期湖盆扩张背景的低位-水进期和裂陷晚期的湖盆萎缩背景的高位期是储层主要发育时期。

(2)三面控藏:涠西南凹陷新近纪陆海沧桑巨变及早强后弱的断裂活动造就了三个控制油气成藏的重要界面:最大湖泛面(海泛面)、不整合面和断面。

(3)断-脊运移:断层与纵向油气分布密切相关,断层为以下生上储为主的聚集类型提供了输导。脊线控制了凸起及斜坡上油气的分布,构行脊线则控制了旁生侧储类型的聚集。

(4)复式聚集:涠西南凹陷已形成了一个既有我国内陆断盆地成藏特点又有该区鲜明特色的"一源多储、复式聚集、连片含油"油气聚集区,形成以 2 号带为代表的中央断裂复式油气聚集带,在中央断裂带,构造运动最为强烈,角尾组发育挤压背斜;涠洲组和流三段发育多个花状或负花状构造,在 2 号断裂对部分涠洲组地层和流一段地层沉积控制下,涠洲组下部和流一段发育了一系列盆底扇砂岩体,构成一系列岩性或构造+岩性圈闭;流二段沉积时 2 号断裂静止,沉积了盆底扇、水下扇等砂体,形成规模较大的岩性圈闭;基岩潜山比较发育,在储层较好的地方形成了一些潜山有效圈闭。同样,南部缓坡和北部陡坡及边缘隆起发育潜山+背斜+断鼻+岩性的复式油气聚集带。

2)在区域研究和实践的基础上,提出了滚动勘探开发新思路

(1)勘探开发生产三者相互促进,相互启发。

老油田通过生产管理、油藏管理促进勘探开发,即通过降低操作成本,降低开发、勘探门槛,从而促进开发、勘探;通过改造,增加依托余力,促进勘探开发;油田在生产中发现问题,通过解决问题,得出认识,应用到后续勘探开发中。

通过勘探对地下资源分布、油气藏分布、开发特点的认识和预测,指导开发建设和生产管理的布局,科学地为各油田开发建设和区域生产管理留有"余地"(管输能力、油气水处理能力、电力供给能力等),科学地进行技术储备。

通过开发方案编制和方案实施推进勘探、生产管理。即编制开发方案时要留有余力,推动勘探和生产管理;前期研究和开发实施兼探促进勘探,实施中的调整促进后期的油藏管理;通过资料录取、资料共享促进勘探生产。

(2)区域资源共享,追求区域利益最大化。

通过区域生产管理,把涠洲终端作为油田群物流支持服务中心、后勤支持服务中心、生产技术支持中心、安全应急响应中心、油田员工培训基地等,大大降低区域操作成本。

通过区域作业资源共享(如直升机、拖轮、钻机、修井机等),直接降低开发和操作成本。

通过设施余力(供电能力、管输能力、油气水处理能力等)通盘考虑,降低开发成本。

(3)提出区域滚动开发基本模式,即"扩张式"。以某个油田为立足点,通过滚动勘探开发生产,油田规模越滚越大,从而取得了良好地经济效益。"蔓延式"是指通过依托

现有设施，把一些单独开发没有效益或效益差的油田，纳入系统得以开发，系统设施逐步向外延伸，从而创造良好的经济效益。"叠加式"主要是指已有的设施能力不能满足区域未来开发生产的需要，通过重新建设一套设施来满足需要，而且该设施与已有设施并联，包括两条管网并联、两个处理中心并联，通过新建设施提高原油的产量，通过并联提高设施的抗风险能力。

(4)通过研究与实践总结出区域技术发展思路：主要有"全局考虑、重点突破""推进当前，受益长远""局部实验，稳步推广""协调安排，全面推进"的思路，实践取得了良好的效果。

(5)由于地下条件复杂，地质认识不能一次完成。技术发展无止境，国家和公司的要求不断提高，提出的滚动勘探开放生产理论还需要将来进一步探索、完善和发展。

2.2.3　技术的发展

在滚动勘探开发生产中，中海油湛江分公司采用研发、引进、集成、应用、创新的技术发展策略，依靠社会力量、紧密结合生产，开展实用配套技术研究。并通过科技攻关形成一批支撑北部湾盆地油气勘探、开发、生产、钻完井和海上工程等领域的7大技术系列30项关键技术，并坚持科研与生产相结合，加强科研成果产业化，取得了良好的效果，有效地促进了油田高效开采。

(1)滚动勘探技术系列：复杂断裂地区精细解释及评价技术、有效储层评价技术、滚动勘探地球物理技术、集束评价与滚动勘探方法。

(2)复杂断块油藏开发技术系列：注气开发提高采收率技术、低渗油藏开发技术、油藏细分层系挖潜措施、开发实施随钻调整技术、老油田调整挖潜技术、三维储层地质建模、数值模拟技术。

(3)钻井技术系列：井壁稳定及其配套钻井技术、超低渗成膜封堵钻井液技术、多尺度强封堵油基钻井液技术、单筒三井钻井技术。

(4)采油工艺技术系列：低压储层保护技术、完善注采关系技术、定向开窗侧钻技术(涠洲11-4油田)、油井堵水增油技术、油田防垢除垢技术、灰岩酸化增产技术、北部湾油田气举工艺技术系列、射孔优化技术。

(5)海上工程建设降低开发成本技术系列：单层保温海底管线技术、简易生产无人平台技术。

(6)关键设备革新改造降低操作成本技术系列：涠洲油田生产工艺革新技术、涠洲油田生产服务创新。

(7)油田开发节能减排技术系列：涠西南油田群节能技术及应用、污水回注减排技术、天然气综合利用技术。

2.2.4　实践与效益

通过几年滚动勘探开发生产的实践，在油气储量的发现、开发建设、生产管理、科技进步等方面取得了显著的成绩。

1. 新增油气储量

2003~2008 年，发现和评价的油气田或含油气构造共有 14 个，三级地质储量原油 $18086 \times 10^4 m^3$，天然气 $305 \times 10^8 m^3$，其中探明地质储量原油 $9602 \times 10^4 m^3$，天然气 $185 \times 10^8 m^3$。

2. 开发建设效果显著

油气田数量由 4(含涠洲 10-3N)个增加到 13 个(含 2 个合作油田)；动用探明地质储量由 $9705 \times 10^4 m^3$ 增加到 $17899 \times 10^4 m^3$，增幅约 84%。总可采储量增加 $1277 \times 10^4 m^3$；新建年产能 $215 \times 10^4 m^3$；自营油田的总产值 329 亿元，净利润 128 亿元。其中"扩张式"开发的涠洲 12-1 油田，面积从初期的 $4.1 km^2$，增加到目前的 $14.9 km^2$；探明储量从初期的 $989 \times 10^4 m^3$，逐步增长到了 $4510 \times 10^4 m^3$ 的规模；原油产量年递减率由 2003 年的 23%，下降到目前的 12%；滚动开发投入 22.1 亿元，总产值 100.4 亿元，利润 38.2 亿元。"漫延式"开发思路下开发的 7 个自营油田共动用地质储量 $3286 \times 10^4 m^3$，投入开发投资 67 亿元，总产值 228 亿元，净利润 90 亿元。

3. 区域发展展望

依据涠西南凹陷区域勘探规划，2008~2020 年再探明 $2.5 \times 10^8 m^3$ 原油地质储量，开发规划预测 2020 年原油产量分别达到 $400 \times 10^4 m^3$，推测至 2020 年前，待发现油田动用地质储量需 $2.0 \times 10^8 m^3$，预测今后投入开发的待发现油田开发总投资需 310 亿元，累积产值达 694 亿元，净利润 242 亿元。

总体上，北部湾盆地实施滚动勘探开发生产的实践取得的经济效益巨大。预计至 2020 年实现累计产值 1022.91 亿元，累计净利润 370.23 亿元。

第3章 边际油田集束评价与滚动勘探

油气勘探是高投资、高风险的行业，特别是进入隐蔽油藏勘探阶段，在油藏品位相对较低、施工成本刚性增长的情况下，获得同样的储量，就需要钻更多的探井、投入更多的资金。利用有限的投资发现更多储量，需要在投资管理上创新，采取重点探区集束评价和滚动勘探的方式，力求一点突破、逐点开花，推动储量滚动扩大、快速升级。

3.1 勘探地质认识

涠西南凹陷位于北部湾盆地北部拗陷，凹陷主体是一北断南超(削)、被断层强烈复杂化的复式半地堑，边界主控断层为铲式、坡坪式和阶梯式 1 号断层和坡坪式的 2 号断层。凹陷的发育与演化经历了古近纪第 1、2 期裂陷和新近纪拗陷 3 个阶段。

根据凹陷的构造演化，涠西南凹陷的"陷"和"裂"存在明显的特征，长流期，盆地既"裂"又"陷"，但"裂"和"陷"都不强烈，裂陷阶段早期——流沙港组-涠三段沉积阶段，是以强烈沉陷为主要特征，断裂活动不强烈，裂陷阶段后期——涠一段、涠二段沉积阶段，则以强烈的断层活动为特征，这一阶段整体表现为先"陷"后"裂"。盆地的断层基本没有活动，表现为比较单纯的"陷"。对凹陷整体来说，涠一段、涠二段沉积期是断层最主要的形成和活动期。古近纪受水平挤压作用相对强烈，地层变形强度高，多层位发育多类型的构造圈闭和岩性-地层圈闭。

该区发育 6 套主要储盖组合：①以石炭系灰岩为储层，长流组或流沙港组为盖层的储盖组合；②以流三段砂岩为储层，流三段上部或流二段泥岩为盖层的储盖组合；③以流二段砂岩为储层，流二段泥岩为盖层的储盖组合；④以流一段中下部砂岩为储层，流一段上部泥岩为盖层的储盖组合；⑤以涠四段、涠三段砂岩为储层，涠三段或涠二段泥岩为盖层的储盖组合；⑥以角尾组或下洋组上部砂岩为储层，角尾组上部泥岩为盖层的储盖组合。

由于受后期断裂活动影响，沟源断层切入流沙港组烃源岩向上延伸至晚渐新世，少数可上延至中中新世，使油气运移相当活跃。从而导致该区域构造＋岩性地层油气藏纵向多类型、多层叠置，横向多油藏连片的分布特征。

涠西南凹陷是盆内油气资源最丰富、勘探程度最高的凹陷。近几年来，在区域研究的基础上，对涠西南凹陷进行了整体解剖和深入研究，提出"两期找砂，三面控藏，断-脊运移，复式聚集"油气成藏理论，取得了显著的勘探效果。

3.1.1 两期控砂

涠西南凹陷在新生代古近纪为陆相断陷湖盆。始新统和渐新统是目前重点的勘探目的层段，该地层沉积时期凹陷经历了较大规模的裂陷→充填→再裂陷→再充填的阶段。

湖盆在不断地扩张、萎缩的变更下,沉积了具有各自岩性组合特征的流沙港组、涠洲组。勘探和研究表明,针对始新统流沙港组重点的勘探目的层段,寻找优质储层是涠西南富烃凹陷取得新突破的关键。

近几年来,储存研究与预测技术已发展到与三维地震勘探技术相适应的动力控制阶段,要求对沉积体的时间控制因素(层序地层)、空间控制因素(坡折、沟谷、调节带)和物源控制因素的耦合关系进行研究。

根据涠西南凹陷构造演化和沉积充填特征,把流沙港组和涠洲组分别定为两个二级层序,分别命名为 S1、S2,在每个二级层序内部又分别各划分了 6 个三级层序。研究发现位于二级层序不同位置的三级层序其内部的层序结构不同,如位于初始裂陷阶段的三级层序(流沙港组三段)与位于湖盆主要充填期的三级层序(流沙港组一段)特点迥异。这种差异是各阶段不同沉积物可容纳空间变化所产生的结果,表现为层序内部不同的沉积旋回的对称性、沉积体系垂向叠加关系及侧向展布。对这些地质响应规律的认识和总结,使寻找砂体变得有迹可循。研究成果及钻探事实已经证明了裂陷初期湖盆扩张背景的低位-水进期和裂陷晚期的湖盆萎缩背景的高位期是储层主要发育时期。

1. 裂陷初期湖盆扩张背景下的层序特点及砂体的分布

S1 层序下部的流三段沉积时期凹陷处于盆地初始断陷阶段,1 号断裂开始形成并控制湖盆的沉积。整个流三段的沉积应该以水进即湖盆扩张为主要背景,相应的沉积体系以退积为主,即沉积中心不断地由盆地中心向盆地边缘逐渐迁移。在湖盆扩张的大背景下,也存在短时、多期的湖盆萎缩。

流三段沉积早期,凹陷处于湖盆发育初期,北断南超的构造雏形已经形成。整体上湖泊范围较小,水体浅,仅在 1 号断裂下降盘出现滨浅湖。随着构造运动逐步地由弱变强,沿四周隆起区向凹陷中心发育多个以冲积扇为主要成因的点物源。特别在凹陷的长轴方向,即 1 号断裂的东西两侧的倾末端的构造转换位置,是重要的物源通道。并随着 1 号断裂的活动加强,该物源通道逐步向东西两侧迁移。因此在 1 号断裂下降盘的东西两侧发育有向凹陷边缘呈退积的点物源群。随着构造活动的加剧,凹陷的构造格局更加清晰,局部发育的点物源在继承性发育的断、坡、隆古地貌控制下逐渐被稳定的线物源所代替,即辫状河三角洲成为主要的储层。在沉积可容纳空间逐渐增大的变化下,沉积中心依然不断向凹陷边缘迁移,构成整体上退积型三角洲沉积。砂体垂向叠置成为上变细组合,平面上为沿盆地中心向边缘迁移的多期朵叶体。

总之,在沉积可容纳空间增大的变化下,凹陷内无论点物源还是线物源均表现为退积的沉积样式,即各期砂体垂向向上变细,平面上向凹陷边缘迁移。砂体的这种分布样式指导着笔者进行该流三段的储层预测。

2. 裂陷晚期湖盆萎缩背景的高位期层序特点及砂体的分布

S1 层序上部流沙港组一段发育于以湖盆萎缩、充填为主要背景的时期,整体上构造运动逐渐减弱。该地层底部地震界面 T83 为一局部不整正面,也是该层序的层序界面,表明该地层沉积开始时湖盆面积相对局限,沉积中心靠近湖盆中央,粗碎屑沉积物能够较轻易到达湖盆内部。晚期裂陷使湖盆水体再次扩张，可容纳空间增大，随之发生的洪水等事件会携带大量砂体进入凹陷内，并被水进期的泥岩所包围，形成岩性圈闭。同时，凹陷沉积进入高位期。

S2 层序则以高位期为主体，层序内发育全凹陷最大的三角洲沉积体系。该三角洲具有高建设性和强制性，推进速度快、推进距离远，几乎覆盖了大半个凹陷。其最早沿凹陷的长轴方向自西向东推进，并逐步向北迁移。该三角洲推进较远，物源补给充分，具有较好的分期。后几期三角洲受沉积物供给充分及 2 号断裂活动的影响出现较频繁的侧向迁徙，其前端发育有滑塌浊积砂体，WZ11-2-2 井已经证实了该成因砂体的存在。该种成因的砂体是目前勘探的重点目标之一。另外，在三角洲发育早期（三角洲主体还主要位于凹陷的西部），在 1 号断裂下降盘发育有较大规模的 WZ5-5-1 扇三角洲，厚度大，岩性以砂砾岩为主，其扇体向南延伸至 2 号断裂带的翘倾部位是已经发现的 WZ11-1N 油田的主要产层。

高位期以沉积可容纳空间持续减小为主要变化特征，即进积的沉积样式。沉积物不断由凹陷边缘向湖盆中心推进，各期砂体垂向叠置为变粗的组合，平面上砂体间相互切割明显，砂体连通性好、平面分布广泛。快速推进、物源充分的高建设性三角洲在断、坡的背景下，极易受外因影响发生二次搬运，即在三角洲朵叶体前端形成滑塌成因的浊积扇，该成因类型的砂体是寻找隐蔽油气藏的优选对象。

S1 层序以流二段为界，上下表现两个截然不同沉积环境。流三段以水进为主要层序背景，储层以冲积扇、扇三角洲和辫状河三角洲为主要成因类型；流一段则以水退为主要层序背景，储层以大型复合三角洲和扇三角洲为主要成因类型。不同层序位置具有其各自的沉积可容纳空间变化特点，这决定了砂体的垂向叠置及侧向展布。

在上述认识的基础上，建立了区内主要构造带砂体类型发育与分布模式：中央凸起带（2 号断裂带）：长轴方向西段流一段发育有低位域河道砂体，流一段高位体系域均发育大型斜交前积三角洲；长轴方向东段流二段和涠一段、涠二段低位体系域出现低位扇体，长流组高位体系域出现大规模冲积扇相和扇三角洲相，流二段高位亦发育扇三角洲，流一段和涠洲组高位体系域发育三角洲。

缓坡带低部位：发育有同沉积断层的缓坡带西段，同沉积断层下降盘在物源丰富区一般发育低位扇体，各层段高位体系域在物源丰富区域一般发育辫状三角洲，辫状三角洲一般叠置于来自轴向的三角洲之上；缓坡带东段流二段低位体系域发育大型湖底扇，各层段高位体系域在物源丰富区域一般发育辫状三角洲或三角洲，辫状三角洲一般叠置于来自轴向的三角洲之上。

陡坡带（1 号断裂带）：陡坡带西段和东段断裂样式为铲式，中段为断阶式，长流组低位体系域局部出现盆底扇。流二段和流一段低位体系域出现小规模河道砂体和低位扇体，流一段高位体系域发育大型前积扇三角洲。陡坡中段流二段和流一段位于断阶之上，发育近岸水下扇。

在建立时间、空间及物源控砂模式思路的指导下，沿着层序界面进行多种地球物理属性分析和精细的沉积相研究，综合解释 1 和 2 号断裂带流一段、流三段储层分布，在此基础上钻了 3 口井，一举获得成功。

3.1.2　三面控藏

涠西南凹陷古近纪陆海沧桑巨变及早强后弱的断裂活动造就了 3 个控制油气成藏的重要界面：最大湖泛面(海泛面)、不整合面和断面。

最大湖泛面(海泛面)作为水进体系域与高位体系域的分界面，其下部的"凝缩段"是良好的盖层，最大湖泛面(海泛面)上下又经常发育有多种类型的沉积砂体，易于形成各类储盖组合，这些储盖组合是形成油气藏的必要条件。如涠洲 11-4、涠洲 12-8 角尾组油藏等均是发育于最大海泛面下的油藏，涠洲 11-4N 流一段是发育于最大湖泛面上的油藏。

涠西南凹陷存在两个区域性分布的不整合面——古近系、新近系之间的不整合面(T60) 及古近系与前古近系之间的不整合面(T100)，正是这种区域性不整合面，充当了涠西南凹陷油气侧向运移的重要通道，如涠洲 11-4 油田就是洼陷中的油气借助 T60、T100 不整合面运移进入圈闭聚集成藏的。以在涠西南凹陷 1 号断裂带东区为例，A 洼陷生成的油气借助上述两个不整合面向 1 号断裂下降盘二断阶及上升盘运移。不整合面附近发育地层超覆圈闭和不整合圈闭，不整合面往往造成不同层系的接触与连通，成为油气侧向运移的主要输层通道，因而在其上下易于形成油气藏。如涠洲 12-3、涠洲 6-12、涠洲 6-1 流二段等均是沿不整合面分布的油气藏。

断面既是诸多圈闭形成的必要条件，又作为涠西南凹陷油气纵向运移的重要通道，对油气成藏起着至关重要的作用，同生断层的断面，还控制着沉积砂体的展布，除位于烃源岩内部的"自生自储"式油气藏外，涠西南的油气藏几乎都与断面相关。如 2 号断裂带已发现的涠洲 12-1 各油藏、涠洲 11-1N 各油藏、涠洲 6-9、涠洲 11-4 等油气藏。

3.1.3　断-脊运移

从涠西南凹陷已发现的油气分布特征来看，纵向上，断层与油气分布密切相关，断穿层位基本与含油层位一致；而脊线运移控制了凸起及斜坡上油气聚集。

研究表明，涠西南凹陷近 NEE-EW 向断裂对油气运聚起重要作用。该组断裂开始发育于始新世，断裂活动一般延伸至晚渐新世，少数可上延至中新世；断裂向下一般切入流沙港组，消失于破裂不整合面(T60)的上下地层。此外，这组断裂也包括一些在该时期复活的老断层向上延伸至浅层所产生的近 NEE-EW 断裂。由于近 NW 或近 EW 向断裂活动期也是涠西南流沙港组特别是流二段烃源岩生、排烃高峰期，空间上这些断裂架起了烃源岩与储层的"桥梁"，疏通了油气垂向路径，作为涠西南凹陷油气纵向运移的重要通道，对油气成藏起着至关重要的作用；另一方面，同生断层的断面，还控制着沉积砂体的展布，除位于烃源岩内部的"自生自储"式油气藏外，涠西南的油气藏几乎都与断面相关。如 2 号断裂带已发现的涠洲 12-1 各油藏、涠洲 11-1/N 各油藏，涠洲 6-9、涠洲 11-4 等油气藏。

构造脊特别是不整合面上的构造脊是油气汇聚的重要部位和载体，油气通过这些较高部位的构造脊，从凹陷(或洼陷)运移进入位于高部位的圈闭并聚集成藏。涠西南地区主要构造层在不同部位均存在这种构造脊伸入凹陷部位中。主要储层涠三段的构造脊分布，各部位均存在构造脊伸入各洼陷中，这是油气从洼陷向凸起上的构造汇聚的重要途径。事实上，从各主要构造层上均可以发现构造脊，这表明这些构造脊是一些持续发育的古构造脊，其充当了油气运聚的重要通道。

油气在盆地中的运移通道由不连续封盖面在三维空间的分布所决定。控制优势运移方向的地质因素包括运载层的构造形态、封盖层的分布与产状、断层特征等。油气通过不同方式运移至封盖层后，在盖层之下沿着最有利的构造路径进行运移；同时，由于输导层存在侧向封堵，最优构造路线的运移通道在断层附近或侧向地层封堵将发生改变。在决定石油的运移方向上，由于重要的地貌学的变化区域通常与深断层相联系，因此，盆地构造形态的重要性被普遍认同，当构造形态在平面上有脊、槽变化时，就形成了聚敛式和发散式的运移方向，因为在聚敛方向上能提供更多的烃源、对油气聚集更为有利，这就构成了油气的优势运移通道方向。

在涠西南凹陷，近近 NEE-EW 向断层、不整合面和砂岩输导层构成油气运移的通道体系，由于油气在浮力作用下总有向上运动的趋势，这些分散的石油被伸入盆地之中的构造脊(如构造鼻和构造隆起或凸起)汇聚起来并运移到圈闭中。构造脊是隆起向凹陷延伸的鼻状高带，脊的一端向(烃源)凹陷倾没，另一端则伸向隆起。油气沿输导体顶面向临近的构造脊(输导脊部位)运移聚集，即进入脊运移阶段。脊线运移是油气成藏的关键过程，没有油气的脊运移，生烃凹陷附近和隆起上的圈闭就不可能形成具有经济价值的油气藏。古地貌恢复有助于追踪各个历史时期的古构造格局，寻找输导脊线的位置。在层序界面划分的基础上，基于三维地震解释成果和主要为三维资料建立的速度体，在单井压实校正和编制各阶段的地层等厚图的基础上，完成了基底、流三段、流二段、流一段和涠洲组几个关键时期古构造的恢复工作。

运移路径的模拟主要考虑了烃类排出的位置、封盖层下面运载层的古构造面(包括骨架砂岩分布)和断层三个因素。本书采用 Trinity 软件进行流线分析，当烃类沿着运载层聚集之后，如果遇到断层重新开放，就通过断层或不整合运移到上一运载层重新运移聚集。聚集的油气，由于构造的变化可能再次发生运移聚集甚至逸散。不同时期产生的油气经过多期的反复运聚逸散，将呈现出十分复杂的局面。每一个排烃时段的油气首先在运载层内运移，侧向沿孔渗优势运移，宏观上运移路径受盖层空间分布控制，其低势区终点即圈闭聚集，盖层缺失为逸散点。流沙港组主要近源输导层流三段及流一段现今的油气运移路径模拟结果表明，迄今为止涠西南凹陷发现的油田绝大多数脊线运移主路径上，表明脊线运移控制了凸起及斜坡上油气聚集。

根据流体包裹体测试资料，该区油气具有多期充注的特点，其中，晚期充注对成藏起关键作用。以涠洲 12-1 油田为例，流体包裹体均一温度可以分为三期，且第三期包裹体温度(大于 125℃)大于储层的现今温度。涠西南凹陷在新近系构造不活跃，整个南海海域在新生代中新世发生东沙运动。另外在洼陷内的流二段普遍存在中等超压(压力系数1.6)，超压发育较普遍，成为油气排出烃源岩的重要驱动力。中中新世时期的构造运动可以使先存的断裂活化，封闭性降低，深部流体(流二段)在超压的驱动下可以快速进入上部的涠三段储层中，即断裂和超压联合控制了油气的充注。另外凹陷内钻杆测试(drill-stem testing, DST)的油层静温比水层要高，也说明油气沿断裂快速垂向运移的晚期成藏特点。

3.1.4　复式聚集

复式油气聚集区的理论是我国石油地质学家对石油地质学的一个重要贡献，是对我国东部含油气盆地油气聚集规律的一项重要认识。它是 20 世纪 60 年代以来在渤海湾盆地油气勘探和研究的实践中总结出来，于 80 年代正式提出的。当时的复式油气聚集区的定义是：同一油源区内不同储油层系、不同圈闭类型纵向上叠合、横向上连片构成一个复式油气聚集带/区(李德生，1995)。它的形成是含油气盆地多旋回构造演化、多套烃源岩多期生烃、多次多向聚散平衡、多期多类组合成藏的结果。长期的油气勘探和研究证明这一理论适用于我国东部裂谷型含油气盆地，在我国西部含油气盆地的勘探中也得到了广泛应用(杨国权和陈景达，1994；汪泽成和王玉新，1996；刘兴材和杨申镳，1998；孙龙德，2000)。

北部湾盆地涠西南凹陷古近纪经历了复杂的地质演化历史、多旋回构造演化过程和多期不同类型沉积的叠合，具有我国东部典型陆相富油气盆地的特征和形成复式油气聚集区的地质条件，近几年来油气勘探实践和研究表明，在涠西南凹陷已形成了一个既有我国内陆断陷盆地成藏特点又有该区鲜明特色的"一源多储、复式聚集、连片含油"油气聚集区，初步可划分 3 个复式油气聚集带。

1. 中央断裂复式油气聚集带

中央断裂带或 2 号断裂带是涠西南凹陷构造运动最为强烈的地区，受 2 号断裂多次活动的影响，发育了一系列圈闭：新近系发育了挤压背斜构造；涠洲组发育多个花状或负花状构造，花心发育断块构造，花瓣发育断鼻构造；由于 2 号断裂对部分涠洲组和流一段沉积的控制作用，2 号断裂下降盘在涠洲组下部和流一段发育了一系列盆底扇砂岩体，形成了一系列岩性或构造＋岩性圈闭；流二段沉积时期，2 号断裂不活动，2 号断裂带为凹陷中心，局部地区沉积了盆底扇、水下扇等砂体，形成规模较大的岩性圈闭；流三段沉积时期凹陷水体不深，受多个强物源的影响，流三段广泛发育一套辫状三角洲储层(特别是凹陷中西部)，受 2 号断裂后期活动的影响，形成了一系裂断块或断鼻构造；2 号断裂带基岩潜山比较发育，在储层较好的地方形成了一些潜山有效圈闭。因此，2 号断裂带是一个多层系、多类型圈闭形成复合勘探目标的地区。由于 2 号断裂在古近纪的多次活动，使该区油气运移相当活跃，只要圈闭有效，基本上都能成藏，而 2 号断裂在新近纪早期停止活动，后期对油气藏不起破坏作用，早期形成的油气藏能得以较好保存。在该构造带已发现了涠洲 6-8、涠洲 11-2、涠洲 6-10 多个油田和含油气构造。它们主要以涠洲组辫状河三角洲砂岩为储层，涠二段浅湖相泥岩为盖层，处于洼中断隆带，油气运集非常有利。

2007 年发现了涠洲 11-2 含油构造，该构造位于涠西南凹陷 2 号断裂中段，总体为一被近 EW 向断层复杂化的断块构造。2007 年 9 月至今相继钻探 WZ11-2-1 井、WZ11-2-2 井，均在涠三段、流一段和流三段发现油藏，WZ11-2-2Sa 井在涠三段和流一段也发现油层。钻探结果进一步证实了 2 号断裂带中段多层系纵向叠置，复式聚集的油气成藏特征。该构造涠三段为复杂断块油藏，不同断块油水关系不同；流一段构造背景下岩性油藏，3

口井钻遇不同砂体控制的独立油藏；流三段为断块油藏，分为东、中、西三个区块，其中东块为主力区块。目前两口井三个井眼钻后在该构造探明油气储量为 $1164.8 \times 10^4 m^3$，控制储量为 $1586 \times 10^4 m^3$，预测储量为 $2698 \times 10^4 m^3$；三级储量为 $5450 \times 10^4 m^3$。WZ11-2井钻探成功，基本形成了该带连片含油的态势。

受两次大的断裂活动特别是中晚渐新世断裂活动影响而形成的与断层相关的各种圈闭，如断背斜、断块、断鼻等，发育于 2 号断裂及其调节断层所形成的涠洲组圈闭钻探程度较高，发现了一系列油气田或含油气构造，如涠洲 12-1 油田。涠洲 12-1 构造位于 2 号断裂带东段，由 2 号断裂派生 NW-SE 向断层向 B 洼延伸形成的多个断块构造。在生产的是南、中、北三块涠洲组，在南块流一段、南块涠洲组岩性圈闭、北块以北地区涠洲组和流一段也可能发育油气藏，还有一定潜力。储层厚度为 115~290m，涠三段储层平面分布较稳定，全区大面积分布、涠四段储层以透镜状砂体为主，分布范围较小；平面上分南块、中块、3 井区、中块 4 井区，纵向上油层分布在涠二段、涠三段、涠四段，分别是构造、构造＋岩性、岩性三类油藏类型。该油田为一高丰度、高产能、中深层、中等采收率的中型油田。原油探明储量为 $2886 \times 10^4 m^3$；三级地质储量为 $5186 \times 10^4 m^3$。

目前，2 断裂带主要有利目标有涠洲 6-8、涠洲 11-1S、涠洲 10-7、涠洲 11-4N 流一段岩性体等。初步估算 8 个目标还有 $12980 \times 10^4 m^3$ 地质资源量，是涠西南凹陷勘探潜力较大的领域。

2. 斜坡复式油气聚集带

涠西南凹陷构造样式表现为铲式、坡平式断层控制的北断南超的箕状半地堑结构。南部缓坡带和北部陡坡带分别是涠西南凹陷 B、A 两个次洼流沙港组烃源岩生成的油气沿构造脊和断裂作侧向＋垂向复合运移聚集的重要区带之一。

南部缓坡区：单斜背景，古近系层层超覆，局部发育向凹或向隆的断层。向凹断层与古地形共同构造成了一系列坡折带，造成了沉积相带的分异，坡折带的下倾方向是扇体发育部位，坡折带的顶部一般只发育小型的下切谷充填体，同时也是地层超覆尖灭线和不整合的发育部位，可以形成各类隐蔽圈闭；向隆断层为反向正断层，可在局部区域形成屋脊断块圈闭。该区域圈闭形成时间有早有晚，隐蔽圈闭随盖层沉积完成而形成，断块圈闭随断层活动形成，而涠西南凹陷自渐新世中后期开始向缓坡区持续供烃，因而成藏时间较长。

根据地震资料解释，该带主要发育断背斜、断块及地层岩性复合圈闭；储层主要是古近系涠洲组三段和流沙港组一段、二段、三段。钻井揭示不整合面上发育多套砂岩输导层，是油气运移的良好通道。在 3 号断裂和海 1 号断裂附近，受后期构造抬升影响，发育发一系裂近 EW 向断层，从涠西南凹陷向海 1 号断裂发育了一系裂断块圈闭和一批有利目标，如涠洲 11-4N、涠洲 11-6、涠洲 11-6W 砂体、涠洲 12-2、涠洲 11-7、涠洲 11-8、涠洲 12-3 等构造，是涠西南凹陷勘探潜力较大的又一重要领域。通过钻探发现了涠洲 11-4N、涠洲 11-7、涠洲 11-8 油田等一系列含油气构造。

涠洲 11-7 油田典型实例：涠洲 11-7 构造位于 3 号断裂下降盘向涠西南凹陷倾没的部分，是 3 号断裂下降盘的多个墙角断块。在涠洲组和流二段均有构造。涠洲组在 SN

向剖面上表现为由涠洲 17-1 向 B 洼陷的多个断块，南断块在 EW 向剖面上表现为背斜形态，平面上由 3 个断块组成，圈闭面积为 12.9km^2，高点埋深 1556m，闭合幅度 450ms；流二段由 2 个断块组成，圈闭面积 5.9km^2，高点埋深 2611m，闭合幅度 400m。

圈闭位于涠西南低凸起向 B 生烃洼陷的倾没端，是油气运移的主要指向线，钻井已证实 B 洼陷油气已大量运移到该区，因此，该构造只要圈闭落实，就能形成油气藏。本区储层涠三段为三角洲沉积，应具备良好的储集性能。该构造资源量规模较大。

2007 年，集中力量在涠洲 11-7 和涠洲 11-8 构造钻井 6 口，均获得成功，进一步证实了 3 号断层东段上升盘具有涠三段、流一段、流三段多套层序纵向叠置，流一段、流三段横向连片含油的复式成藏特征。3 个层段成藏机制各异：①涠三段构造断块控藏，高丰度、高产能"小而肥"，但目标较小，整体潜力有限，油水分布和油气藏规模取决于断层侧向封堵能力；②流一段下生上储、近源聚集，构造岩性控藏，纵向多套叠置，横向连片。涠洲 11-7 构造区为辫状河三角洲沉积，主要有三期，发育了多个朵叶砂体，这些砂体 SN 向（顺物源方向）连通好，EW 向（垂直物源方向）连通性差，圈闭机理为断层和岩性圈闭；③流三段断块控藏、相带控制富集，多套油水系统，油水关系复杂，油藏受构造和相带控制，整体潜力较大。涠洲 11-7 油田探明原油储量为 2297.24×10^{4}m^3；控制储量为 1030.4×10^{4}m^3；预测储量为 890×10^{4}m^3，探明凝析气地质储量 5.30×10^{8}m^3，为中型油田。

近年来，利用新采集三维资料重新进行区域构造成图，发现该带还发育一批有利目标，如涠洲 11-6、涠洲 11-6W 砂体、涠洲 11-5、涠洲 11-10、涠洲 11-11、涠洲 17-3 构造等。初步估算 8 个目标地质资源量为 18867×10^{4}m^3，是涠西南凹陷勘探潜力较大的又一重要领域。

北部陡坡区：由于控凹断层横向活动的不均衡性与后期局部隆升，在陡坡带形成一系列鼻状构造，小型断鼻（或断背斜）发育于流一段到涠洲组中。同时，陡坡带流一段和涠洲组内低水位体系域发育一系列盆底扇和小型扇三角洲，高水位体系域发育大型扇三角洲和水下扇，形成了一系列岩性圈闭。鼻状构造背景为油气运移提供方向，各类砂岩体的发育为油气运移提供通道、为油气聚集提供储集空间，因此，陡坡带形成构造＋岩性油气藏复合连片的地方，具有巨大的勘探潜力。1 号断裂带下降盘发育多个鼻状构造脊及岩性体，形成了涠洲 10-3、涠洲 6-1、涠洲 6-2、涠洲 6-1S、涠洲 5-7、涠洲 5-9、涠洲 5-10 等构造＋岩性＋潜山多个复合圈闭。

涠洲 6-1 油田为该区潜山灰岩＋砂砾岩块状气顶气复合油气藏的典型代表，主要储集层为石炭系壶天群上段灰岩，潜山顶附近灰岩是以孔洞为主的岩溶型储集层，即属于表层岩溶带和渗流岩溶带的上部，厚度约为 80m，孔洞、裂缝发育，有效储层厚度为 65.6m，净毛比 68%，储集性能良好；原油主要来自涠西南 A 生烃洼陷，A 生烃洼陷流沙港组烃源岩厚度大，埋藏适中，具有很好的生烃条件，为涠洲 6-1 油田及其围区提供了充足的烃源供给。构造上已钻三口井，基本探明原油＋凝析油地质储量为 301.7×10^{4}m^3，基本探明天然气（干气）地质储量为 11.64×10^{8}m^3。由于地震资料品质较差，储层横向分布复杂，多年来未进行深入评价。

从涠洲 6-1 构造所处的构造位置看，整个涠洲 6-1 构造是 1 号断裂下降盘向涠西南凹陷 A 洼陷延伸的构造脊，A 洼陷油气运移最主要的方向。因此，涠洲 6-1 构造脊上应有较大的同气聚集。而 1 号断裂下降盘灰岩发育两个断阶，涠洲 6-1 构造 3 口井钻在第一台阶上，该断阶面积为 34km²，可视为一个大的构造。涠洲 6-1 南块为第二断阶，面积约为 5km²，是另一个构造。涠洲 6-1 构造已钻三口井只钻在第一断阶较高部位，三口井均有油气，未见明显水层，有观点认为该区灰岩可能为不规则层状油藏，含油气情况取决于储层的分布，因此，该区还有巨大的勘探潜力。

实际上，该区灰岩可能整体连片含油，但目前对该区的勘探和认识都比较低，潜山内幕尚未揭开，其中包括对灰岩潜山储层分布预测的研究。近年来，通过国内外灰岩勘探的调研和笔者的研究，根据岩溶在纵向的分布特征和在横向上的分布，以及涠西南凹陷已钻井钻井过程中泥浆漏失、钻具放空和测井资料把该区岩溶带分为表层岩溶带（风化淋滤岩溶带）、渗流岩溶带（垂直渗流带）和潜流岩溶带（水平潜流带）。

已钻井显示，涠西南凹陷 1 号断裂带表层岩溶带均比较发育，大部分井在钻井过程中出现钻井液的大量漏失或钻具的放空，说明表层岩溶带岩溶型储集层储集性能非常好，尤其是涠洲 10-3N 区块。潜流岩溶带岩溶型储集层在该区主要为裂缝型储集层，孔洞型储集层欠发育。根据现有的钻井资料，仅 WZ6-1-1 井的岩溶型储集层发育。渗流岩溶带仅有 10-3N 的 WZ10-3N-1 和 WZ10-3N-2 井和涠洲 6-1 的 WZ6-1-1 井钻遇，根据钻井和测井资料分析，在涠洲 10-3N 区块主要发育三期潜流带岩溶，在横向上有较强的可对比性。其孔洞型岩溶带厚度较大，最厚达约 50m 左右。

正演模拟结果表明（姚姚和唐文榜，2003）：①表层岩溶带岩溶型储集层发育时，潜山顶面的地震反射波的振幅减弱，连续性差，波形有变化，否则为强振幅、强连续的特征；②内幕岩溶型储集体发育时，表现为短轴状的强振幅反射（波峰和波谷）、高能量等特征。通过对过 WZ10-3N-1 井、WZ10-3N-8 井和 WZ6-1-1 井的过井地震剖面岩溶型储集层的标定、分析和振幅值统计发现，表层岩溶带发育的井（WZ10-3N-1 井），T90 构造层的反射波振幅有所减弱，它是由于表层岩溶带的裂缝、溶洞发育，大大地降低了其速度和密度，使上下层界面的波阻抗差值减小，从而使反射系数降低，反射波的振幅变弱。而表层岩溶带不发育时（WZ10-3N-8 井），上覆地层为阻抗值较小的砂泥岩地层，下伏地层为阻抗值较大的致密灰岩地层，那么它在地震剖面上就为强振幅的反射同相轴，且波形变化很小。从几口井所标定的潜山内幕的储集层来看，它在地震剖面上的反射特征均为强振幅反射。由于石炭系灰岩为岩性致密、较均一的巨厚岩体，内幕如果没有孔洞发育，那么在地震剖面上就没有反射；如果内幕发育孔洞型储集体，它就会和周围的致密岩性形成强烈的阻抗差，从而形成强振幅的反射特征。根据地震反射原理，如果灰岩内幕的岩溶储集层较薄，就会产生一个强振幅的反射波；如果内幕岩溶储层较厚，就会产生一个复合波，在孔洞型储集体的上部为波峰（或波谷），在孔洞储集体的下部为波谷（或波峰）（波峰或波谷取决于地震资料的极性）。因此，通过对高保真地震资料的振幅、相干等属性研究可以进行储层横向预测，逐步揭开该区潜山储层的面纱。

1 号断裂带下降盘有一批有利目标，形成了涠洲 10-3、涠洲 6-1、涠洲 6-2、涠洲 6-1S、涠洲 5-9、涠洲 5-10 等构造、岩性和潜山多个复合圈闭，勘探潜力巨大。

3. 边缘隆起复式油气聚集带

涠西南凹陷是北断南超的箕状半地堑，在南部和北部边缘隆起上大部分区域缺失古近系。新近纪下洋组、角尾组直接披覆在基底之上边缘隆起区，发育潜山和披覆背斜圈闭。该类圈闭以下洋组、角尾组滨海相砂岩储、浅海陆架泥岩为盖层，角尾组一段发育巨厚稳定的浅海相泥岩为良好的区域盖层。涠西南凹陷洼陷生成的油气先沿断裂垂向运移到输导层中，再侧向运移到构造中，形成在基岩潜山发育潜山油气藏、在下洋-角尾储盖组合中发育披覆背斜油藏成藏。如涠洲 11-4 油田、涠洲 12-8 构造。

涠洲 11-4 油田：涠洲 11-4 构造位于南部凸起的顶部为完整披复背斜，闭合度 45m，闭合面积 17.7km^2，两翼倾角为 5°～6°，含油层位为中中新统角尾组二段和下中新统下洋组，储层是浅海沙脊和滨海沿岸砂坝、潮道复合体。油田 I 油组、II 油组属于新近系角尾组二段，III 油组属下洋组。三个油组主体构造形态相似，三个油组均受构造控制，I、III 油组属岩性＋构造油藏，II 油组属构造油藏。油田总地质储量为 2640×10^{4}m^3。

涠西南凹陷 1 号断裂带，尤其是上升盘从古新世开始继承性发育到渐新世末期，持续的构造运动及地层的抬升剥蚀在 1 号断裂带形成了系列的潜山、断块、断鼻、岩性、构造＋岩性等多种圈闭。该带的基岩岩性为灰岩，其中 1 号断裂带灰岩为石炭系中上统壶天群灰岩，裂缝、溶洞发育，是较好的储层。岩潜山直接与涠西南凹陷 A 洼陷流沙港组成熟烃源岩接触，A 洼陷丰富的生排烃量和现今仍处在生排烃高峰期为该区提供了雄厚的烃源基础，沟源断层的发育和构造脊配合使油气大量往圈闭中运移和聚集。如涠洲 5-2 含油气构造等。

到目前为止，在涠西南凹陷发现油田和含油气构造 16 个，三级地质储量约为 2.5×10^{8}m^3。纵向上，油气主要产于涠洲组、流三段、流一段，同时在石炭系、长流组、流二段、下洋组和角尾组亦有分布。平面上，油气田遍及凹陷边缘、凹中隆、凸起带和斜坡带。如 1 号断层陡坡带的涠洲 10-3、涠洲 10-3N 和涠洲 5-2 油藏；中央凸起带的涠洲 6-8、涠洲 6-9、涠洲 6-10、涠洲 11-1 和涠洲 11-1N 油藏；涠西南凸起上的涠洲 11-4 和涠洲 11-4N 油田；东南斜坡隆起上的涠洲 12-8 油田；南部斜坡上主要发育涠洲 12-3、涠洲 6-12、涠洲 12-1、涠洲 12-2 等油藏。形成油气立体运聚、复式成藏、满凹含油分布格局。

3.2　区域开发思路

3.2.1　勘探开发生产关系

滚动勘探开发生产理论强调在滚动勘探、开发、生产过程中，勘探、开发、生产相互包容，相互促进，三个阶段资料信息共享、互有补充，设备余力共享，成本压力整体减轻，技术问题共同承担、共同解决。

1. 老油田油藏精细生产管理促进开发、勘探

老油田在生产中可以从 3 个方面促进开发、勘探：①降低操作成本，降低开发、勘

探门槛,从而促进开发、勘探;②通过改造,增加依托余力,促进勘探开发;③油田在生产中发现问题,通过解决,得出认识,应用后续勘探开发中。

老油田通过生产上的技术革新、设备、后勤管理、节能减排的整体考虑、天然气综合利用等降低生产成本、提高效益、增大余力,利用区域"余力"(管输能力、油气水处理能力、电力供给能力等)降低区域依托开发、滚动开发的门槛进而降低勘探门槛和扩大勘探的地域范围,达到促进勘探和资源利用的目的。

老油田在生产过程中,会出现一些问题,针对这些问题,组织技术攻关,解决出现的问题,整个过程积累了大量的经验和储备了一些关键技术,这些技术和经验反过来指导勘探和开发的实践,少走弯路,节省开支。

如涠洲 12-1 油田中块 3 井区涠四段的开发,由于注水开发导致生产管柱结垢,导致开发井生产困难,修井频率提高,周期延长,进而导致修井等作业费用大幅增长,并严重影响油田的正常生产,油藏综合分析预测在此情况下该区 1000 多万立方米的原油注水采收率将仅为 20%,而改为注气开发不仅可提高原油采收率到 28%,且避免了生产井结垢的风险,降低了油井的修井频率,节省了大笔修井费用。于是该区在经过不到一年的时间实现了自注水开发方式到注气开发方式快速转变,节省了大量的修井投资并避免了开发风险,取得了良好的经济效益。同时在后来的方案设计中,充分考虑这种因素。

2. 从勘探对地下资源的认识,指导开发生产和技术储备的部署

通过勘探对地下资源分布、油气藏分布、开发特点的认识和预测,指导开发建设和生产管理的布局,科学地为各油田开发建设和区域生产管理留有"余地"(管输能力、油气水处理能力、电力供给能力等),科学地进行技术储备。

1)指导开发生产部署

勘探的发现储量规模的大小和位置,会直接影响开发采取的开发方式。当储量的规模不大,如涠洲 11-4N 油田,位置距离处理中心涠洲 12-1 油田有一定的距离,不能从涠洲 12-1 油田的平台钻井开发,就采取"蔓延式"的依托开发方式。当一个油田的规模比较大,自己独立可以承担一套开发系统,这样就可以采取叠加式的开发方式,为区域建立更多的依托支点,如涠洲 11-7 油田。

2)技术储备

勘探发现的对象就是开发生产面临的对象,不同的对象对应的技术手段和开发模式不同,针对勘探发现的对象就需要开发、生产、储备相应的开发生产技术。

如近几年勘探发现的对象主要是流沙港的低渗储层油藏,由于目前中海油湛江分公司没有一套成熟的、完善的、对应开发技术,就专门针对这个问题开展低渗油藏开发技术的储备研究。

3)勘探录取资料考虑开发生产的需要

开发方面,深刻总结在生产油田开发实施和生产后暴露的一些问题,如地震资料品质差,过早结束油田评价,录取资料少等给油田开发带来的后患,提出油田在投入开发前合理评价和取全、取准各项基础资料尤为关键。因此,要在勘探方面加强基础资料的

录取和评价力度。如 2002 年在涠西南凹陷大面积采集新三维地震资料，新资料覆盖了老油田和有利构造带，并进行提高分辨率处理，同时满足了开发生产的需求。

3. 开发方案、实施推进勘探、生产管理

1）开发方案中要留有余力，推动勘探和生产管理

在方案的编制中，要充分考虑留有余力，这是该油田规模进一步扩大和长期稳产的基础，也是勘探最佳井位的布置点。如涠洲 6-1 油田在开发方案中留有一定井槽，保持后期能够钻井的余力，勘探首先考虑在装置周边进行钻井，因为勘探上涠洲 6-1 油田周边很有潜力，而且一旦发现就可以利用平台钻井开发；生产管理方面也充分考虑油田的特点，一旦有发现，如何介入目前的系统，进行了详细的方案研究。WZ6-1S-1 井钻探发现南快有储量，马上从平台钻 A3 井进行开发，在一年内实现了勘探、开发、生产最高纪录。

2）前期研究和开发实施兼探促进勘探，实施中的调整促进后期的油藏管理

在开发方案编制和实施中同时兼顾勘探评价和油藏管理。在涠洲 12-1 油田的滚动开发过程中，创造性地提出具评价性质的开发井设计，并在实施过程中优先实施，代替传统需要的一定数量的评价井去逐步深化油田地质认识，解决勘探中的遗留问题，同时根据地质变化及时进行方案调整，便于后期的油藏管理。如油田中块具评价性质的 WZ12-1-A7 井，其优先实施落实发现了中块 WZ12-1-3 井区涠四段 $1076 \times 10^4 \mathrm{m}^3$ 的探明地质储量，根据变化对原方案进行调整和优化；北块具评价性质的开发井 WZ12-1-B5 井的优先实施，对北块 N1b 块进行了评价，证实了该区为水层，避免了后续开发井实施落空的风险，及时对井位进行了调整。

3）资料录取促进勘探生产

油田在开发过程中，录取了大量的资料，这些资料的消化吸收可以加深对地下的认识，开发过程中还可以总结大量的钻井和工程等方面的经验，这些认识和经验对勘探和生产有一定的指导意义。

3.2.2　区域资源共享与利益最大化

一个区域，要实现区域利益最大化，其中一个非常重要的关键问题是区域内的各种资源潜力是否得以充分利用和共享，共享资源也是降低成本的有效手段(张丽娜，2015)。北部湾正是在这样的思路下，开展一系列的研究和实践工作，各种资源得到了很好的应用。

1. 区域生产管理，建立五个中心

1）涠州终端作为油田群物流支持服务的中心

涠州终端作为油田群物流支持服务中心，不仅有效缓解海上油田库房空间紧张和甲板面积有限的压力，而且减少供应船往返于油田与湛江基地之间的次数，有效控制运力成本，同时大幅度增加供应船的平台守护时间，为油气田的安全生产提供更有利保障。

2) 涠州终端作为油田群后勤支持服务中心

后勤支持服务中心包括配餐支持、加水服务、海上大型作业及钻完井项目的物料中转和工具组装基地、动复员的中转站。这些业务的开展，大大减少各种运力工具的往返次数等，有明显的经济效益。

3) 涠州终端作为油田群生产技术支持的中心

涠州油田随着开采年限的增加，很多设备由于腐蚀和疲劳都到了事故高发期，油田设备故障的突发故障频率日益增加。同时由于油田规模和装置不断增加，海上员工的新人比例不断增加，现场维修人员缺少重大和疑难设备的检修经验。支持中心的成立不但起到及时处理解决油田突发重大疑难故障的作用，而且也对提高现场维修人员技术水平发挥了重要作用。该支持中心自成立以来先后 15 次完成了应急抢修任务，在保证油田安全生产上发挥了积极的作用。

4) 涠州终端作为油田群安全应急响应的中心

涠州油田群所处地北部湾渔场渔业资源极为丰富，为广西、海南和广东三省区沿海渔民主要作业场所，海洋渔业是沿海地区经济发展的支柱产业之一，如发生溢油事故，对周围海域环境敏感区的冲击不可忽视。涠州终端作为涠州油田群溢油应急中心地位的确立，使整个涠州油田群处理海上突发溢油事故的能力上了一个新台阶，为整个油田群的安全生产打下坚实的基础。

5) 涠州终端作为油田员工的培训基地

人才是企业可持续发展的重要因素之一，现代企业的竞争很大程度上是对人才的竞争。随着公司的快速发展，每年都会招收大批的新员工，而新来员工基本上都是刚出校门的大学生，没有任何工作经验，根本无法满足充满高风险的海上石油开采的需要。为给这些新员工提供一个理想的培训场所，使这部分人能够早日成材，满足公司发展的需求。通过认真分析论证认为涠州终端是一个十分理想的场所。首先终端的工艺系统相对完整，不但具有完善的油-气-水处理系统，而且具有完整的外输系统和码头，这样能够充分保证培训的质量，同时终端在培训场地、住宿条件和安全保障方面都拥有平台无法比拟的优势。因此，涠州终端于 2006 年 4 月通过对原有的电器车间改造，建成了一个可以容纳 30 人的现代化数字培训中心，使培训的硬件设施有了一个大的飞跃。在不断完善培训硬件设施的建设中，也建立健全培训的各项管理制度，包括结合终端特点编写的标准培训教材、培训流程和考核等，使终端作为培训基地的功能日益完善。

2. 区域资源共享

区域资源共享(如直升机、拖轮、钻机、修井机等)，可以直接降低生产操作成本。区域内的资源利用或服务，不是单独为勘探、开发或生产服务的，以钻开发井的钻机为例，可以在钻机的间隙时间，抽出来钻一口探井，进而提高了钻机的利用率。

3. 设施余力通盘考虑

油田区域设施的余力，主要是指电、管道运输、油气水处理等余力。海上各油田所处环境特殊,油田的生产平台远离陆岸终端,平台与平台间隔大,在油气开采和处理、生产水和气体的排放、电力需求等环节面临的外部环境相对独立,有些平台余力大,有些平台需要补充,所以这些余力要放在整个区域来考虑,如电力如何互补,污水处理设施如何互补等。

4. 节能减排统一部署

北部湾油区的安全、环保、节能减排要求很高,每个平台或每个油田单一考虑都是不现实的,一方面不够全面;另一方面成本太高,所以在节能减排方面要统一考虑、统一部署。例如,对于油田污水的处理,整个区域要集中处理,可以通过注污水提高油田采收率,也可以注入地层,这样就大大降低成本,提高区域的经济效益。

5. 天然气综合利用

由于所投产的油田越来越多,伴生气的产量也大大增加,如何合理利用伴生气资源增加涠西南凹陷油田开发的整体效益,也尤为重要。这些伴生气,除了油田开发中的自耗外,通过建造涠洲 12-1PAP 平台实现涠洲 12-1 油田中块涠四段的注气开发,注气开发的实施为涠西南今后油田的开发提供一种新的开发方式。另外,通过工艺的改造,在涠洲 6-1 油田南块开发的气举生产,为该区提供一种新的开采方式,对涠洲 12-1 油田的高、低压分离器进行改造,将各油田的伴生气通过上岛管线,集输到涠洲岛终端,在满足正常生产的前提下提供给下游用户,即提高了经济效益,又达到了节能减排的效果。

3.3　滚动勘探技术

3.3.1　复杂断裂地区精细解释及评价技术

通过成藏规律研究及油气运聚模拟,认识 2 号断裂带及 3 号断裂围区是油气主要运移、聚集带,但一直以来都是"有方向、无目标",前人多次解释均未在相关地区落实可供上钻的目标。涠西南凹陷属典型陆相断陷湖盆,经历了多期幕式断裂活动,多期断层的活动与叠加使凹陷古近系发育众多与断层相关的圈闭,特别是 2 号断裂带与 3 号断裂带。断层圈闭的落实与评价在涠西南凹陷的勘探中显得尤为重要。近年来在涠西南凹陷 2 号断裂及 3 号断裂带落实评价一批断块圈闭,通过钻探取得了良好效果,经过多年的勘探实践,总结出对涠西南凹陷复杂断裂地区的精细构造解释及评价技术,可概括为"精细解释出断块,沟源判别筛目标,封堵分析定井位"。

1. 精细解释出断块

以断裂成因分析与构造演化研究为指导,结合层序地层分析,利用相干切片、时间切片、数据体层拉平等技术,对复杂断块地区进行精细构造解释,精细落实复杂断裂地区断层组合、断块圈闭形态及分布,落实有利的断块、断鼻圈闭。

其主要研究流程包括以下步骤。

(1)对凹陷进行构造演化及断裂发育历史进行研究,了解断裂活动期次、时间、展布方向等,建立该区断裂发育与组合的粗略模式。

(2)地震资料品质分析与相干体制作及等时切片分析,等时相干切片、时间切片、地震剖面结合初步组合断层。

(3)选择全区稳定、地震反射特征明显的标志层进行解释(可采用三维自动追踪)。

(4)制作标志层沿层相干切片。

(5)利用沿层相干切片调整与重新组合断层。

(6)根据断层组合特征,结合层序地层与沉积分析结果,对目的层位进行精细的构造解释。

(7)对解释结果进行协调性、地质合理性等的检查与分析,如解释成果合格、合理,则进行成果输出与成图,提交目标评价;如解释成果存在不符合地质规律的地方或经质控专家检查后认为不合格,则返回第(5)步进行断层组合的调整、层位解释。

利用以上复杂断裂地区解释流程和方法,对涠西南凹陷西区流三段和3号断层东涠洲组进行精细构造解释,在涠西南西区流三段发现并落实出涠洲10-8、涠洲10-9、涠洲10-3西2、3、4、5块等一批断块、断鼻圈闭提交目标研究,为西区增储上产提供了基础;在3号断层东发现并落实了涠洲11-7、涠洲11-8、涠洲11-9、涠洲17-1、涠洲17-3、涠洲12-9等一批断块、断鼻、断背斜圈闭。

2. 沟源判别筛目标

涠西南凹陷古近系勘探目的层主要是涠洲和流沙港组一段和三段,其成藏均需要油气从烃源岩流二段运移进入圈闭,对于断块圈闭来说,是否发育沟源断层是能否成藏的第一要素,是否发育沟源断层成为断块圈闭评价的最重要一条,发育沟源断层的圈闭不一定能成藏,但不发育沟源断层的圈闭肯定不能成藏。因此,需要对落实出来的断块圈闭进行是否发育沟源的判别,发育沟源断层的目标进入下一轮的评价,而不发育沟源断层的目标则终止评价。

断层的切层和活动特征反映断层现今和历史期间的疏导特征,与断层的封闭性和封闭历史也有关系。一般认为断层在强烈活动期间一般是开启的,可以作为油气垂向运移的通道,而断层在停止活动期间,断层一般是封闭的,只是封闭程度的差别。由于流二段是涠西南凹陷的主要烃源层,这样,根据断层的活动类型、切层关系及其与油气运移时期的匹配关系,把断层划分为5个断层活动和沟源的组合类型。

(1)长期活动沟源型:长期活动的断层均是切割流二段烃源岩的断层。

(2)两期活动沟源型:涠西南凹陷内,两期活动的断层也均是切割流二段烃源岩的断层。

(3)后期活动沟源型:后期活动切割流二段烃源岩的断层。

(4)后期活动未沟源型:后期活动未切割流二段烃源岩的断层。

(5)早期活动型:只在早期活动,后期没有再次活动的断层,此类断层与上覆烃源岩一般没有什么关系。

分析认为，涠洲组断块圈闭只有发育长期活动沟源型断层、两期活动沟源型及后期活动沟源型断层才能可能具备油气运移的通道；而流三段断块圈闭由于位于烃源岩之下，只要有正向正断层将流三段储层与流二段烃源岩断层对接即具有沟源功能。

3. 封堵分析定井位

在确定断块圈闭具有沟源断层及沟源断层有效的情况下，将目标列入重点评价对象，进入井位研究阶段，由于涠西南凹陷涠洲组及流三段的储盖层特征明显，一般均有较好的盖层条件和储层条件，圈闭评价的关键就变为圈闭有效性评价——断层封堵能力分析。一般而言，与断层有关的圈闭的勘探风险比简单的背斜圈闭要大。因此，需要做更多的分析以评价与断层有关的圈闭的风险，这些分析包括定性的与定量的两种。通过对断层封堵性的定性与定量分析，并在此基础上对圈闭进行综合评价，提交可钻井位。

断层封堵分析一般分三步进行：①对各方面的资料进行经验检查，以了解和掌握该地区断层封堵性预测的基本情况；②通过建造断层面剖面，分析断层两侧岩性并置情况，预测可能的油气泄漏点；③进行断层泥率的计算，评估断层封堵泄漏性。断层泥是控制断层封堵的主要因素。通过计算断层带物质成分来分析断层对油气的封堵能力。断层泥是由断层在形成过程中受挤压形成的破碎的胶结不好的粉状、黏土状物质构成，它可以分成破碎断层泥、涂抹断层泥、膨胀断层泥。用断层面剖面的储层并置分析仅是几何形态的分析，而断层泥率的分析是对断层内部岩性物质比率的研究。

根据断层封堵分析圈定有效圈闭范围，估算可能的油气聚集规模，在此基础上选择合适井点以供钻探。

3.3.2　滚动勘探地球物理技术

由于涠西南凹陷特有的地质条件，随着该区勘探开发程度的不断提高，地球物理工作所面临的挑战越来越大，为解决相关的地质问题，笔者有针对性地发展和应用了各种实用的地球物理方法与技术，总的构架上主要体现在以下 5 个方面：①岩石物理研究。建立不同的岩性物性、含油和非含油条件下的一维模型，用以进行地震属性的计算和分析。②精细构造解释技术：通过精细层位标定，充分利用相干体分析技术、全三维解释技术、分频技术、精细速度分析及变速成图技术来达到复杂构造解释落实与评价工作。③利用地震属性进行有利的相带研究：在地质相、测井相、地震属性相三相结合的基础上，进行平面沉积相分析，找出有利相带。④储层预测技术。根据不同类型的储层，采用相应的方法技术进行预测：砂泥岩储层预测技术，包括地震反演、储层物性反演、地震属性分析及三维可视化等分析解释技术；裂缝、孔洞预测技术，包括多参数地震反演、地震属性分析、相干体分析，以及地震正演模拟地震响应特征等技术，进行储层识别，寻找好的储层。⑤在储层预测的基础上，利用叠前、叠后地震属性进行烃类检测，最终进行有利圈闭的筛选。在该区常用的烃类检测技术有AVO(amplitude versus offset)、亮点、地震属性、模式识别、吸收滤波、非线性预测(分形、神经网络、小波)技术等。但目前这些烃类检测技术对天然气的检测比较成功，对于油的检测尚有待进一步的努力。

1. 地震岩石物理分析

在涠西南凹陷滚动勘探的地球物理研究中，地震岩石物理分析是最重要的基础工作之一。影响地震属性的因素，除了激发、接收条件外，主要受岩石的弹性模量、密度和吸收特性的影响，而这些特性又与岩石成分、孔隙度、埋深、孔隙内流体性质、压力、岩层的不均匀性及其他的地质特性密切相关。因此，岩石物理特征分析主要是通过研究地下岩石的多种物理性质及这些性质与地震属性之间的关系，用以指导地球物理识别技术研究，架设起地震属性与油藏属性之间的桥梁，进而有效地进行储层预测和烃类检测，进一步提高预测和识别的成功率。

该区的地震岩石物理研究，主要从下面两个方面进行：①岩石物性统计分析，通过统计测井的四性(岩性、物性、电性和含油气性)与测井阻抗之间的关系，总结出研究区域测井属性的规律，为储层岩性及其含油气性与地球物理属性的关系研究提供井点依据；②岩石地质模型正演研究，通过正演和标定的方法，研究地震响应在储层条件的可能变化模式，在地质模型的层次上分析地层岩石物理特征与地震响应之间的关系。

除了物性统计方法外，近年来在涠西南地区，特别强调和应用了岩石物理正演模型技术和流体替换技术，以更进一步进行有效的地震岩石物理分析。比如在涠 11-4N 的滚动勘探中，通过这一方法得出了以下的结论：低阻抗泥岩表现为明显低导热系数(LAM)、导热系数/密度(LAM/DEN)，与油层差异不大；但 LAM·DEN 由于扩大了密度的影响，所以该值要比油层的偏高，应是识别油层的有利参数。泊松比(PR)或纵横波速度比(V_P/V_S)能较好识别岩性，LAM、LAM·DEN、LAM/DEN、中间系数(K)能较好对应油层。另外，还做了流体替换计算，发现用油、水替代后，V_S、剪切模量(G)、弹性模量(E)3 个参数基本无变化，V_P、DEN、孔隙度(AI)变化较小，而在 PR、V_P/V_S、LAM、LAM·DEN、K、LAM/DEN 等参数上，油、水存在的差异相对较大。这与测井物性统计分析的结果是一致的。这就为后续的储层预测和烃类检测奠定了坚实的基础。

2. 复杂断块构造精细解释技术及地震多属性综合分析技术

涠西南凹陷主要勘探目的层涠洲组、流沙港组断裂发育，各有利区带虽然整体为规模较大的背斜构造，但均被断层复杂化，因此，复杂断块解释是区内构造评价的关键。

图 3-1 是复杂断块构造精细解释的关键技术与工作流程图，主要以断裂成因与构造演化分析为指导，结合层序地层分析，利用各种三维地震属性体与解释技术(如相干体/方差体、水平切片、数据体层拉平等)，重点解释落实复杂断裂地区的断层，并根据区域断裂与构造演化特征进行精细的断层组合，达到构造落实与评价的目的。这种基于断裂体系分析的复杂断块构造精细解释技术在涠西南的滚动勘探中得到了广泛应用，发挥了很好的作用。

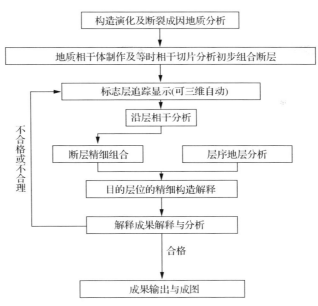

图 3-1　复杂断块构造精细解释关键技术及工作流程图

　　另外，在构造精细解释的基础上，综合应用各种地震属性数据对具体目标进行有效的储层预测和评价。多信息的聚类和融合是其中的关键。

　　用于地球物理预测技术的地震信息很多，在涠西南滚动勘探中，主要应用了振幅、频率和速度这三大类。

3. 基于波形分类的地震相分析技术

　　在常规的对目的层进行地震相分析时，通常的做法是提取沿层或层间的某一类地震属性来描述目的层空间上的变化，针对的是一定时窗范围的采样点的属性值，最后通过一定算法进行综合。这种方法无法反映地质体变化的细节特征，对于非构造类型目标的而言，恰恰看重的是这些细节。而基于波形分类地震相分析及储层预测技术可以在一定程度上有效地解决这些问题。

　　该项技术的理论基础是：沉积地层的任何物性参数的变化总是反映在地震道波形形状的变化上，地震相分类处理的基础是基于地震道的形状波形的变化。具体做法是：首先根据地震数据通过自组织的神经网络构建出几种模型道，然后对每一实际地震道与各模型道做相关分析，取相关值最大的模型道赋予地震道，并给每一种模型道赋予某一定的颜色投到平面和剖面图上，通过观察图中颜色的分布，了解、评估地震形状相关的区域的分布，从而获得地震信号的总体变化及分布规律，通过与钻井资料结合分析，从而对地震相作出地质解释，涠 6-10 涠洲组波形分类沉积相研究(图 3-2)可知，沉积现象明显。

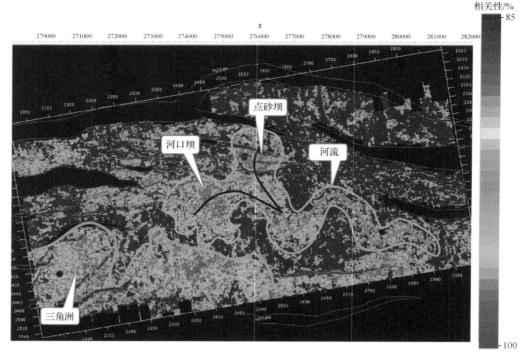

图 3-2　涠 6-10 涠洲组波形分类沉积相研究(文后附彩图)

4. 地震反演技术

反演是储层预测的一项关键技术。岩石物理属性统计分析表明：涠西南凹陷储层波阻抗不能够完全区分岩性。因此在涠洲 11-4N、涠洲 11-1N 油田流一段储层研究中，采用了基于模型的宽带井约束最优化反演方法进行伽马(GR)拟波阻抗反演和常规方法的波阻抗反演(CSSI)进行岩性识别和有效的储层预测，取得了理想的效果。同时摸索出一套实用的评价流程(图 3-3)。其中拟波阻抗反演或者说直接反演技术的应用，是涠西南凹陷反演技术研究的一个重要内容。

从技术角度来说，地震反演是利用叠后地震资料预测储层的最有效的手段，所以利用声波测井曲线来进行地震地质层位标定和波阻抗反演是储层预测的惯用方法。从地震传播理论上讲，波阻抗反演是叠后地震资料反演的唯一有效手段，进行波阻抗反演以外的参数反演是站不住脚的，或者说从经典地震勘探原理来说没有严格的物理意义。但在很多情况下，声阻抗不能很好地反映储层和围岩的差异，导致岩性识别困难，使得声阻抗反演结果不能很好地解决储层预测问题。

因此，笔者认为不同测井曲线是用不同的物理方法对同一个地质目标探测所得到的结果，尽管这些结果是不同的物理响应，但它们所反映的是同一个地质体，它们之间必然有一种内在的关系，这种关系不是简单的线性关系，而往往是非线性映射。因此，可以利用声波测井曲线重构技术，综合多种信息，运用信息融合技术、统计分析、岩石物理理论等将它们统一到一个模型上来，重构一条能够对地层岩性敏感的新的声波测井曲线用于反演，在实际中是可行的。

图 3-4 是 GR 的拟声波阻抗剖面。经过 WZ11-7-2SA 井的验证，可以看出拟声波阻抗能有效地反映出岩性的变化。

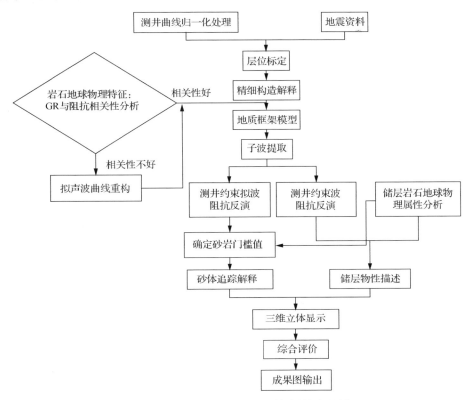

图 3-3　润西南凹陷储层预测与评价流程图

5. 地震沉积学的应用

地震沉积学是近年以来发展的一门新的、地质和地震有机结合的一门学科，一方面，它所研究的对象是与地震时间分辨率相匹配的最小等时沉积单元的沉积信息；另一方面，它的研究内容也包括利用地质研究的结果或者地质研究的概念性模型，去指导地震解释、储层描述及特定地质体的雕刻。

它的研究有以下 3 个主要手段。

(1)确定与地震时间分辨率相匹配的最小等时沉积单元。针对目标的解释性处理、相对反演、井震联合的地层格架分析，强调井震统一和井震一致。

(2)等沉积地层切片技术，用于对地质年代穿越地震旅行时的研究，恢复真正的地质沉积现象。

(3)相控下的地震解释和储层预测。寻找最能表征特定地质现象的地震属性，用于对地质沉积进行平面和空间的描述和刻画。

等沉积地层切片技术是地震沉积学中一项重要的内容，在沉积过程中各沉积之间的

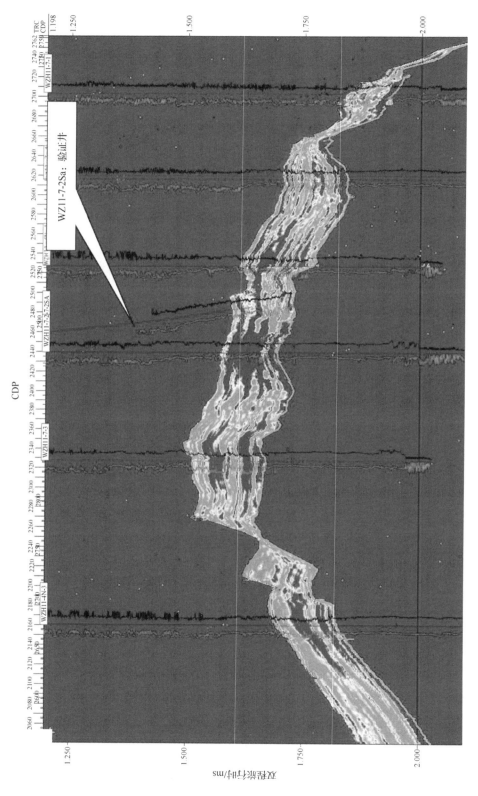

图3-4　流一段储层拟声波多井联合反演(文后附彩图)

地质年代是不一致的，是平行的，但反映在地震旅行时上，则有可能相互穿越。如果用等时切片技术，很难刻画某一地质年代的沉积体，某一切片有可能反映的是几个沉积现象，因此，等沉积切片技术更能有效地进行沉积分析。图 3-5 涠 6-1 是利用分频资料穿过涠三段的一个等时沉积切片，从图中可见，油层的分布非常明显。

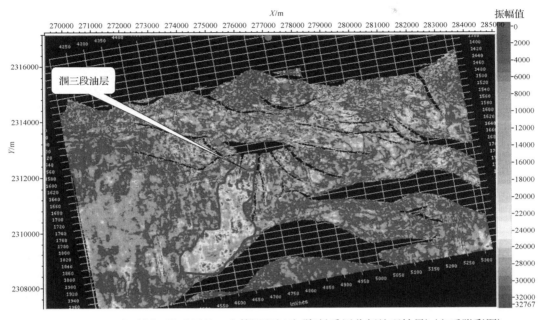

图 3-5　涠 6-1 穿过涠三段油层的一个等沉积切片(资料采用分频处理结果)(文后附彩图)

　　上述地球物理技术与方法的应用，特别强调细分层系的岩石物理特性分析研究，多属性信息融合技术，采用相应的解释性处理技术，等沉积地层切片和井控提高分辨率处理等新技术的运用等，通过提高地震资料品质、运用新技术新方法或恰当的技术组合，有效解决各自不同的地质问题，极大促进涠西南凹陷的滚动勘探开发工作。

3.3.3　集束评价与滚动勘探技术

1. 整体评价定方案

　　涠西南凹陷断裂发育、地质情况复杂，单个油藏规模小，仅着眼于单个目标进行勘探与开发存在规模小、成本高、风险大等因素，难以获得较好的经济效益，要提高勘探开发效益、获得更多的储量与产量，必须改变以往就单一目标而目标的井位研究方式，实现同一构造带的目标集束评价，对全凹陷各构造带目标进行总体认识与排队，制定钻探决策树，其研究步骤包括以下几步。

　　(1)断裂、储层、圈闭、输导体系匹配研究构造带成藏规律及勘探潜力；根据资源潜力、勘探成功率、圈闭发育情况、单井控制储量规模等因素对构造带进行排队优选。

　　(2)在层序地层研究和断裂、构造演化基础上以构造带为单位分析油气聚集条件。

　　(3)对区带内已钻井和构造钻探成败分析研究成藏主控因素。

（4）选择勘探目的层。

（5）对勘探目的层构造精细落实。

（6）精细沉积相分析结合特征反演进行储层预测。

（7）精细分析单个目标成藏条件及资源量。

（8）以风险资源量大小进行构造带内目标排队。

（9）制定构造带整体评价方案及钻探决策树。

（10）目标评价及井位建议。

通过成油地质条件的研究，将涠西南凹陷划分为涠西南西区、1 号断裂带上升盘、1 号断裂带下降盘、2 号断裂带、南部斜坡带、3 号断裂以东扭动构造带六个主要油气聚集带。

涠西南西区涠二段泥岩剥蚀殆尽，主要目的层为流三段，圈闭类型以断块、断鼻为主，成藏主控因素为圈闭与运移；1 号断裂上升盘以灰岩潜山＋地层超覆＋披覆复合圈闭为主，目的层以前古近系灰岩和新近系为主，成藏主控因素为油气运移与圈闭、储层；1 号断裂下降盘为陡坡带，圈闭以断鼻、潜山、地层超覆等复合圈闭为主，目的层众多，自前古近系灰岩至涠洲组均可作为目的层，成藏主控因素为圈闭与储层；2 号断裂带涵盖洼槽区与中央构造带，目的层与圈闭类型众多，成藏主控因素为圈闭；南部斜坡带为缓坡带，目的层为古近系流沙港组与涠洲组，圈闭类型主要为地层超覆与断块，成藏主控因素为圈闭；3 号断层以东扭动构造带为受基底先存断裂与 3 号断层、海 1 号断层强烈活动而形成的特殊构造带，圈闭类型以断块、断鼻、断背斜为主，目的层主要是涠洲组，成藏主控因素为圈闭与烃源。

立足于涠西南富烃凹陷复式油气聚集和整带含油的地质认识，依托现有设施开发，采用沿带部署、立体勘探、整体评价、分步实施、及时调整、滚动发展、逐步联片的思路，针对凹陷内不同地质特点的油气聚集带采用不同的滚动勘探方法。

1）复杂断裂构造带

具有断裂复杂、单个规模较小但可能连片分布、油气水分布复杂的特点，要完全弄清该区勘探潜力、探明地质储量需要大量的钻井工作量，在目前钻井工作量和勘探成本有效控制的条件下，采用"整体评价、分步实施、先探主块、随时调整、逐步连片"的滚动战术。采用循序渐进的方法，先选择规模较大的区块进行集束钻探，证实其含油气性及大致储量规模，解决了"立架子"——建立新的生产平台的问题，再对全区可能有开发潜力的区块进行整体评价，探明储量进行开发，对于规模较小的区块，可留待开发设施上去之后再考虑挖潜与扩边。

2）潜山＋断鼻＋地层岩性复合圈闭带

具有储层横向变化大、风险高但规模也较大的特点，采用"集中火力、上下兼顾、精细解剖、对比调整、逐一评价"的方法，优选规模较大、成藏条件较好、代表性较强的目标进行精细解剖，再进行逐一对比钻探，最后整体评价的方式进行勘探。

2. 统筹考虑取资料

由于涠西南凹陷范围较小，勘探程度相对较高，各目的层段在不同区域均有不同程度资料获取，成藏规律研究认为凹陷具有复式聚集特征，可能满凹含油，因此可以把涠西南凹陷当做一个油田看待，因此，对于同一目的层、相似沉积环境的储层及流体资料可相互借鉴、参考，将多个断块视为同一油田同时申报储量。因此，预探井可适当少取或不取资料，评价井资料共用。

根据海油储量规范要求，结合该区油藏地质特征，制定该区取资料原则：对于同一构造带的同一目的层，在埋深和油藏类型相似的情况下，一般考虑一口井取得较为全面的岩心、流体、产能资料，而相似构造原则上不再重复取资料；而对于地质情况比较复杂、埋深变化大的地区，根据储层研究成果取得不同埋深、不同沉积环境、不同流体特征的岩心、产能资料，建立该区特征库和产能与相应沉积环境、岩性、埋深、流体性质的关系曲线，作为今后相似油藏条件的类比标准。这样即可节省钻井周期的成本，又在一定程度上对该区的地质油藏情况有综合判断，为建立开发方案提供资料。

3. 技术组合降成本

在钻井实施过程中，综合考虑该区区域地质情况与已发现或已开发油田特征，综合利用前期成果，尽量通过技术手段的组合以减少作业时间、降低勘探成本。近年来在滚动钻探过程中利用了以下一些措施，在节约成本了起到了较大作用：

1）有效保护储层保证资料准确性

储层保护是一个系统工程，涉及钻井、固井、测试等多个作业周期，钻井期间的储层保护可以从以下几个方面来考虑。

（1）井身结构优化。提高压力预测精度，合理设计套管程序，为减小压差、降低泥浆污染提供条件。

（2）压力控制钻井。合理控制泥浆比重和泥浆压力，尽量降低泥浆对储层的污染程度。个别井做了一些尝试，取得了较好的效果；今后在加强研究的基础上，勇于探索、大胆实践，摸索出一套行之有效的压力控制钻井体系。

（3）泥浆材料保护。优化选择合适的泥浆配方，尽可能通过泥浆配方降低储层污染程度。近几年做了一些工作，但成效尚不明显，需加强研究。

通过储层保护技术，可以保证井眼的完好，为采集合格的地质资料提供条件，同时减少泥浆的污染，为采集资料的准确性、真实性提供保证（避免泥浆低侵造成低阻油气层），同时为后期测试工作的成功也提供了良好保证。

2）机械井壁取心部分代替钻井取心

机械井壁取心技术是指利用旋转钻进的方式，在井壁获取保持完整岩石结构的岩心样品。利用旋转式井壁取心技术，可以有目的、有针对性地选择取心位置，相对火药式取心更为安全，岩心样品质量更好。

利用机械式取心技术，可以直接获得地层岩心样品，直接观察地层岩性，分析地层沉积环境，通过实验分析，可以获得地层的物性、含油气性等参数，进一步可以对测井计算参数提供刻度。对于薄层低阻油气层，可以提供直接的分析依据。

通过在一部分取得钻井取心的井段进一步获取旋转井壁取心，利用钻井取心的实验分析结果标定旋转井壁取心，建立该区旋转井壁取心与钻井取心在孔隙度、渗透率等参数上的关系,逐渐利用旋转井壁取心代替钻井取心对测井解释结果进行储量参数的标定,可以节省大量取心费用。

3) MDT 部分代替 DST 测试

电缆式地层测试是一种小型的模拟地层测试的技术,利用电缆式地层测试器,可以获得地层压力,进而回归得到地层压力梯度、流体密度;此外利用多探头测量技术,可以获得地层的水平、垂直渗透率;新一代的仪器还具备泵抽功能,利用流体监测技术识别地层流体,同时仪器还配备采样桶,实现常规和 PVT 取样。

利用电缆式地层测试器,不仅可以评价地层的物性,同时也可以最大程度地真实反映储层流体性质,为解释评价提供直接、真实的信息。在薄互层、泥浆低侵、含导电矿物等成因的低阻油气层、低孔、低渗油气层、非烃类气层等方面起到关键作用,部分条件下代替了钻杆式地层测试作业,极大地降低了测试的巨大费用。

4) 随钻测井取代电缆测井

目前随钻测井技术日趋完善,通过随钻测井已能获得判别流体性质与储层参数的大多数资料,通过试用、对比,随钻测井技术完全能够满足常规地层评价需求,在探井中发挥重要作用。

(1) 取资料的备用手段:对于由于井况差或钻井事故导致无法录取到有效电缆测井资料时,随钻测井资料可作为备份。

(2) 对污染严重的储层,随钻测井将发挥随钻随测、少受污染的优势,录取到更接近于地层真实特征的资料。

(3) 实时地层对比,为钻井取心卡层提供比较准确的依据,较少地质循环。

(4) 可替代部分电缆测井,减少钻机占用时间,节省时间成本。

(5) 帮助地层对比,同时对下套管、完钻等提供实时决策依据,提高决策效率。

目前,涠西南滚动勘探钻井过程中基本采用随钻测井技术,第一时间获取地层参数,对于随钻测井能够判别流体性质和获取储量参数的井,原则上不再进行电缆测井。

5) FMI 测井部分代替取心

FMI(微电阻扫描成像测井)是近年发展起来的新测井技术,其成果通过电阻率图像直观反映井壁情况,近年来已广泛应用于地应力分析、沉积相研究及古水流方向判别、井旁构造研究、精细测井解释等,由于其成果能通过图像直观反映井壁情况,包括沉积构造、岩性、裂缝发育等信息,在一定程度上能够代替钻井取心进行岩性描述、流体判别,且 FMI 测井具有分辨率高、成本低、资料全的特点,可以在大大节省钻井成本的情况下获得必要的储层、流体信息。

6) 录井快速判别流体相

地层含有油气时将会在岩屑、气测、泥浆等录井中有所反应,如果能根据录井直接判断油气层,从而在后期作业过程中采取有针对性的措施,可以减少不必要的工作量,从而节省时间和成本。

以往泥浆综合录井技术录取资料精度低,资料解释方法老、手段少、重视程度低、资料应用程度低。流体相解释技术利用先进的数据采集系统(RESERVAL 气体分析设备),引进气体解释软件 INFACT,分析不同区域的已完钻井油气层组分特征、规律及流体相特征，建立区域的气体解释模型；同时利用了"单位岩石地表气体体积门限值"对地层流体的含烃饱和度进行评价，从而确定流体的性质。

流体相技术不依赖于地层水、骨架、泥质等参数，所以在"三低"储层、未知地层水矿化度储层、非烃类气层识别等方面比测井资料更具有优势。

7) 核磁共振测井技术

核磁共振测井技术是一项全新、独特的测井新技术。仪器测井时首先利用永久磁铁在地层建立磁场，然后通过天线向地层发射射频脉冲，对地层流体中极化的氢核进行扳转，扳转后的氢核需要释放能量恢复到扳转前的状态，该恢复的过程即称为弛豫。仪器检测并记录弛豫过程中释放的信号，通过反演获得横向弛豫时间 T_2 分布谱。T_2 分布谱中既包含了地层孔隙结构的信息，也包含了地层流体的信息。经过刻度，根据 T_2 分布谱可以得到反映储层孔隙结构的参数，同时通过自由流体与束缚流体的比值及孔隙度分布形态估算渗透率。大量的实验研究表明，利用核磁共振测井计算的孔隙度、束缚水饱和度、渗透率等参数，与岩心分析的结果具有良好的一致性，其准确度高于常规测井资料计算的结果。此外，根据差谱、移谱和 T_2 谱分布形态等方法，可以识别评价地层流体性质。

由于核磁共振测量原理从根本上不同于电阻率测量方法，而且可以评价地层孔隙结构，因此对高束缚水等低阻油气层及低孔、低渗地层具有良好的应用效果。

第4章 复杂断块油藏钻井技术

复杂断块油藏钻井技术依据区域特点，应用钻井技术分三大块：复杂断块油藏井壁稳定技术(包括井壁稳定配套钻井技术和突破北部湾盆地钻井难题的配套应用技术)、复杂断块油藏钻井液技术(主要有超低渗成膜封堵钻井液技术和多尺度强封堵油基钻井液技术)及复杂断块油藏单筒三井钻井技术。

4.1 井壁稳定技术

复杂断块油藏地层上覆岩层压力低，井眼破裂压力低，安全钻井液密度窗口窄，易发生井壁失稳，因此，准确评估安全钻井液密度窗口对深水钻井十分必要(蔚宝华等，2011)。针对北部湾涠西南油田涠洲组及流沙港组井壁失稳问题，中海油湛江分公司联合中海油田服务有限公司、中国石油大学(北京)等7家单位共同组成联合攻关项目组，经过两年多时间，一举攻克了井壁稳定技术难关，解决了二十多年来许多中外公司一直未解决的技术难题。

4.1.1 井壁稳定及其配套钻井技术

在研究井壁失稳及寻找对策过程中，改变了过去单学科研究方式，从地质学、地质力学、地球物理、岩石力学、钻井工艺、油田化学、测井等多学科跨专业联合研究，最终形成了理论、应用到现场实施及监测等一系列技术，从根本上解决了井壁失稳问题。

1. 北部湾盆地复杂构造的井壁失稳机理

通过深入分析北部湾盆地复杂构造的井壁失稳机理，认为涠西南油田群井壁失稳可以从以下几个方面来理解：①从区域应力来看，复杂地质区域受不同地质年代区域地应力的影响，纵向上存在不同方位的应力场，影响着井壁纵向上应力变化，容易造成井壁失稳，地质活动形成一系列断裂构造带，使得构造内岩石强度降低，构造带内破碎岩石也对井壁稳定构成威胁；②从矿物成分来看，涠二段硬脆性泥页岩中非膨胀性黏土矿物如伊利石、高岭石和绿泥石含量较多，容易碎裂分散，引起垮塌；③从地层物理特性来看，复杂地质区域受不同地质年代区域地应力的作用，地层中派生了大量微裂隙和地震探测不能识别的微断距断层等。地质构造复杂，断层破碎带多、地层水敏性强(尤其是涠二段及流二段)，微裂缝发育，地应力复杂，是导致钻井过程中井壁易垮塌，容易造成井下事故的主要原因。

2. 地层裂缝、地层属性、地应力及井壁稳定性预测技术

正是基于对北部湾盆地井壁失稳机理的认识，开发了用于针对特定区域进行井壁失

稳分析的预测及控制技术。

1）北部湾盆地地质构造特征及地应力分布规律

对已钻井地质、现今构造应力场、井壁不稳定资料进行研究，预测现今应力背景及局部应力场变化情况下，断裂及裂缝系统的力学行为，作出涠西南油田群构造应力纵横向分布等值线图。

2）区域地层裂缝、地层属性、地应力分布的高精度预测技术

利用遥感、遥测、地质、地震、测井等资料相结合的区域地质构造、断层分布及井下裂缝、地层属性、地应力分布的高精度预测技术；建立了三维钻井地质属性体，实现钻井实时工况在地质属性体中的三维可视化；创建根据钻遇地层属性对钻井参数进行动态调整的钻井实时决策系统。

3）节理发育且强水敏性泥页岩井壁稳定预测及控制技术

建立节理发育且强水敏性泥页岩井壁稳定的力学化学耦合计算模型，实现节理发育泥页岩井壁稳定周期的定量预测；提出防止层理发育泥页岩井壁坍塌的极限钻入角的新概念。

4.1.2　突破北部湾盆地钻井难题的配套应用技术

利用相关预测技术对井眼轨迹附近区域的地质构造、断层分布及井下裂缝、地层属性、地应力分布的高精度预测，同时考虑温度、渗流场，以及钻入角对井壁稳定的影响，定量预测井壁稳定周期，形成一套以井壁稳定及安全快速钻井为核心的高效钻井综合配套应用技术。

1. 以整体钻井复杂率最低为目标的钻井平台位置优选及定向井轨道优化设计技术

提出海洋钻井平台位置优选的"井口位移法"和"等效钻进时间法"理论模型及绕障和限定安全钻入角的定向井轨道优化设计模型。形成与三维钻井地质属性模型相结合，以开发井组整体钻井复杂率最低为目标的钻井平台位置优选及定向井轨道优化设计技术。

2. 油基钻井液快速封堵成膜技术

研选出超微细刚性封堵剂 PF-MONTF、多软化点可变形封堵剂 PF-MORLF 和 PF-MOLSF 作封堵剂，同时研选出成膜剂 PF-MOCMJ，利用成膜剂的膜结构特性，既参与对微裂缝和节理的封堵，又堵塞刚性颗粒间的微孔隙，从而提高了封堵效果和提高地层承压能力。

3. 涠西南油田群井壁稳定性现场监测技术

通过常规随钻测井（LWD）、录井数据的分析处理，解释出地层强度及弹性力学参数，据此获得地层强度剖面及地应力剖面。利用井壁稳定性预测模型，可现场求得地层孔隙压力、坍塌压力及破裂压力剖面，实现对井壁稳定性的现场监测。

4.1.3　相关配套技术应用效果

相关项目成果已在南海西部海域得到全面推广应用，在项目实施之前，南海西部海域共钻井 367 口，复杂地层钻井事故率高达 40%～72%，钻井成功率 80%，平均建井周期 51.26 天/井；在项目全面实施后的 2007 年，每年钻井总进尺 146200m，复杂地层钻井事故率降到 0，钻井成功率 100%，平均建井周期 26.32 天/井。

2005 年以前，南海西部海域钻井有 60% 的技术由国外引进，目前有 85% 的技术实现了国产化。其中，钻井液技术、固井技术、工程设计技术、井壁稳定技术等，全部拥有并使用自主知识产权的技术。

4.2　钻井液技术

4.2.1　超低渗成膜封堵钻井液技术

保护油气层是石油勘探开发过程中的重要技术措施之一。钻开油气层时，在正压差、毛管力的作用下，钻井液固相进入油气层造成孔喉堵塞，其液相进入油气层，诱发储层的潜在损害因素，造成对储层的损害。钻井过程中，如能阻止钻井液中的固相或液相进入油气层，就可以防止钻井液对油气层的损害。

为使钻井过程采用的钻井液对钻遇的不同渗透率储层均能有效地阻止其固相与液相进入油气层，不诱发储层的潜在损害因素，防止对储层发生损害，提出成膜封堵低侵入保护油气层钻井液技术的新构思。其核心是在钻开油气层钻井液中加入成膜剂、特种封堵剂和降滤失剂。在钻开油气层的极短时间内，此钻井液中的成膜剂能够吸附在井壁岩石表面形成一层或多层无渗透封隔离膜，封堵孔喉，有效封堵不同渗透性地层，阻止钻井液固相和液相进入油气层，同时，只要消除过平衡压力，封堵膜的作用就将削弱，一旦有反向压力，封堵膜就会被消除。因此，在完井和生产过程中，封堵层易于消除，不会产生永久堵塞损害储层。

成膜封堵低侵入保护油气层钻井液技术措施：在钻开油气层的钻井液中加入 2% 左右的成膜剂、1% 左右的特种封堵剂和 0.4%～0.6% 降滤失剂(实钻井低温度，可加入 2%～3% 抗高温降滤失剂)。此钻井液中膨润土、加重剂、岩屑等固相在不同渗透率的油层表面架桥、填充形成厚度小于 1cm 的内外泥饼，所加入的特种封堵剂和降滤失剂封堵近井壁油层内处泥饼的孔喉，成膜剂在井壁上成膜，封堵孔喉未被架桥粒子、填充粒子、降滤失剂封堵的空间；从而在钻开油气层极短时间内，在油层近井壁形成钻井液动滤失速率为零厚度小于 1cm 的成膜封堵环带，有效阻止钻井液固相和液相进入油气层，从而实现对油气层的保护；同时在井壁的外围形成保护层，阻止钻井液及钻井液滤液进入地层，从而有效防止了地层的水化膨胀，封堵地层裂缝，防止井壁坍塌保护油气层。图 4-1 为岩心动滤失量随时间变化关系。

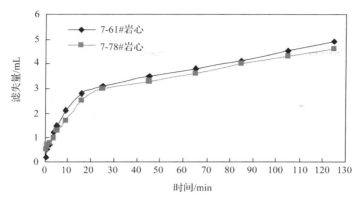

图 4-1   7-61#、7-78#岩心动滤失量随时间变化关系图

该项技术现在在南海北部湾海域探井及开发井中得到全面的推广应用，北部湾涠西南油田群储层保护难的局面得到极大的改观。同时也大大加快了北部湾海域乃至南海西部海域的勘探开发。

4.2.2   多尺度强封堵油基钻井液技术

通过资料调研和分析，在大量室内实验的基础上研选出超微细刚性封堵剂PF-MONTF、多软化点可变形封堵剂 PF-MORLF 和 PF-MOLSF 作封堵剂，同时研选出成膜剂 PF-MOCMJ，利用成膜剂的膜结构特性，既参与对微裂缝和节理的封堵，又堵塞刚性颗粒间的微孔隙，从而提高封堵效果和提高地层承压能力，实现对多尺度不同形状微裂缝和微层理的封堵效率大于 97%，属国内外首创，从化学上解决南海西部海域复杂地层的井壁失稳问题。

(1)快速封堵成膜剂，具有很高的封堵效率，解决对不同形状微裂缝和微层理的封堵问题。油基泥浆封堵实验数据如表 4-1 所示。

表 4-1   油基泥浆封堵实验数据

实验介质	$K_o/10^{-3}\mu m^2$	$K_1/10^{-3}\mu m^2$	封堵率/%
5 号白油	158.3	—	—
常规油基钻井液	158.3	56.98	64.0
国外泥浆公司油基钻井液	158.3	28.18	82.2
强封堵油基钻井液	158.3	3.96	97.5

注："—"为无数据；K_o.封堵前渗透率；K_1.封堵后渗透率。

(2)形成较低渗透率的泥饼，减少滤液进入地层，最大限度地减小泥页岩吸水使黏土矿物晶格膨胀和水力切割作用造成的井壁失稳。高温高压滤失实验数据如表 4-2 所示。强封堵油基泥浆砂床漏失量曲线如图 4-2 所示。

表 4-2 高温高压滤失实验数据

实验介质	FL$_{HTHP}$/(mL/30min)（90℃、500psi）
强封堵油基钻井液	2.3
白油	1.3

注：1psi=6894Pa。

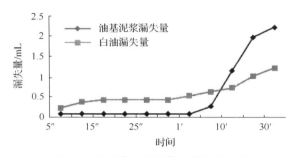

图 4-2 强封堵油基泥浆砂床漏失为零

（3）在该体系的水相中加入 CaCl$_2$，利用活度平衡原理进一步稳定井壁。采用活度平衡原理可以利用膜两相流体之间渗透压差控制流体中溶剂介质朝向地层岩石或朝井筒内的流动方向，从而达到阻止或减小井壁泥页岩因吸水发生的不稳定现象，起到防塌或辅助防塌作用效果。

多尺度强封堵油基钻井液（图 4-3）技术先是在涠洲 12-1N 油田 12 口井中取得成功的应用，井下事故发生率为零；接着在涠洲 10-3 油田的 4 口调整井中也取得井下事故发生率为零的成功应用，工程作业时间缩短 20%~62%，投产产量均达到或超过 ODP配产要求。接着先后在涠洲 11-1 油田、涠洲 6-1 油田、涠洲 11-4N 油田和涠洲 12-1 油田四井区等共 22 口井取得成功应用，井下事故发生率为零。该项目成果在实际生产应用近三年以来，解决了生产中井壁失稳等技术难点和关键问题，且技术水平达到国内或行业领先水平，为涠西南油田群的开发作出巨大贡献，取得良好的社会效益和经济效益。

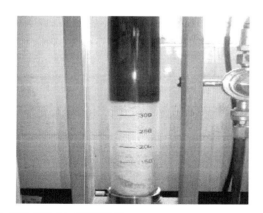

图 4-3 多尺度强封堵油基钻井液（文后附彩图）

4.3 单筒三井钻井技术

为了降低开发成本，确保一些边际油田得到高效开发，近几年来开发出来一种非常规的紧凑型的钻井作业技术——单筒三井技术。

单筒三井井眼布局的几何尺寸是单筒三井技术的前提，必须进行认真设计，通过计算并与钻井工程实践经验结合起来才能做出，以对称性单筒三井布局为例，见图 4-4。

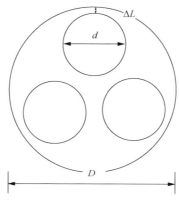

图 4-4 对称性单筒三井布局

可以用以下公式描述单筒三井外筒和内筒之间的关系：

$$d = \frac{\sqrt{3}D}{2+\sqrt{3}} - 2\Delta L \tag{4-1}$$

式中，D 为外筒的内径；d 为内筒的外径；ΔL 为内筒与外筒之间的最近间隙。

从式(4-1)可以看到对称性单筒三井中外筒、内筒及间隙等参数之间的关系，三个参数具有重大意义，其中 D 决定简易导管架单腿的结构和尺寸，d 和 ΔL 则决定了钻井工程的措施、难度及风险。通过对三个参数的优化组合，在涠洲 6-1 油田选用了 40″[①]内径(外径 42″)的隔水导管作为外筒，内筒采用 13-3/8″ 套管以减少特殊作业，此时内外筒之间的最近距离大约为 6″，考虑前部地层很软，会有一定的井径扩大，选用了 38″ 的表层井眼。单筒三井技术的关键设备及技术是单筒三井井口技术，是实现单筒三井最根本的保障。目前，世界范围具有生产和作业能力的厂家有 CAMERON、FMC、VETCO 和 DRIQUIP 等著名公司。涠洲 6-1 油田从自身特点入手，综合考虑井口操作简便、厂家生产水平及现场经验等方面，选用了其中一家公司的单筒三井井口产品。基本组件是导管基板、整体式油管四通、采油树(图 4-5)。

单筒三井作业，要解决一些与常规井作业不一样的问题，如隔水管的入泥深度及井口稳定性问题、超大尺寸表层大井眼的防斜打直、井眼清洁问题、井壁稳定、三串套管

---

① 1″=2.54cm。

如何顺利下入、单筒三井固井作业等种种难题。

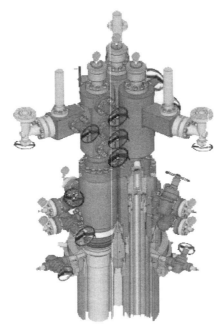

图 4-5　单筒三井采油树示意图（文后附彩图）

在涠洲 6-1 油田，中海油湛江分公司钻井技术人员通过多次技术研讨，做出了详细的技术措施、风险分析及应急预案，层层筛选，最终一举克服了以上诸种技术瓶颈，在涠洲 6-1 油田成功应用单筒三井技术：首次实现在 965.2mm 井眼钻深至 492m，创造了超大井眼的钻井深度记录；首次进行在一个井筒里下三串套管作业；首次进行一个井筒里的三串套管固井作业。同时也取得了较好的经济效益，全部单筒三井作业完成仅用时 2.69 天，比设计的 5.5 天提前 2.81 天，节省钻完井综合日费 420 万元。经专家初步认定，两个项目单筒三井技术的应用在整体经济效益方面可节省资金约 2000 万元。

第 5 章　复杂断块油藏采油工艺技术

5.1　低压储层保护技术

随着油田的不断开发，地层能量呈下降趋势，海上油田也不例外。北部湾油田开发二十几年来，许多油田压力系数已降至 0.70，甚至更低。面对这种越来越多的低压油藏，怎样最大限度地提高采收率，是不能回避的问题，经过近几年的探索与创新，形成了一套适合低压油藏的采油工艺技术。

5.1.1　ESP 与 TCP 联作不压井修完井工艺技术

电潜泵(ESP)举升具有排量大、泵效高、占地面积小等优点，是海上低压或无自喷能力油田开发最主要的举升手段。随着技术的发展，电潜泵完井管柱由直电泵管柱发展到 Y-Tool 电泵管柱。典型的海上油井 Y-Tool 电潜泵完井管柱主要由井下安全阀、电潜泵封隔器、Y-Tool 工具、电潜泵机组、测压支管等组成。

负压射孔工艺(TCP)是用油管(或钻杆)将射孔枪、点火系统及配套的井下工具输送到待射孔地层深度的一种射孔方式，在海上油田广泛使用。该工艺可实现大枪型、大孔径、深穿透、孔密可调；多相位(六相以上)射孔，更有利于油流径向流入井底，增加油井产能；无论油层薄厚，甚至多层射孔，均可一次完成，非常适用于长厚段射孔；点火方式可选择机械式或液压式，也可延时点火。

TCP 射孔的局限性：费用较高，特别是油层薄时；起射孔枪之前需要进行压井作业，容易对射开油层形成二次污染；起下射孔枪时，耗用较多的动力、作业时间和作业人员。

常规的完井工艺主要是先进行 TCP 负压射孔射开油层，然后进行压井作业，最后下入电潜泵管柱生产。常规修完井工艺在低压油藏开发中存问题，如涠洲油田部分层段压力系数仅为 0.74 左右，压井作业必然带来低压油藏的二次污染，作业时间长、成本增高、同时存在一定的井涌、井漏等不安全因素。为此，决定采用电潜泵举升和负压射孔联作的修完井工艺。

1. 电潜泵举升和负压射孔联作工艺

电潜泵举升和负压射孔联作，就是把常规电潜泵 Y-Tool 型管柱和油管输送射孔枪有机地结合起来，即在 Y 型接头的主通管接负压射孔管柱，在旁通管上接电泵机组。选择合适的工作筒接在 Y 型接头主通径上，用以座单流阀或堵塞器。

1)电潜泵-负压射孔工艺联作管柱设计原则

涠洲油田涠四段 II 油组 C 砂压力系数已降至 0.74 左右，在钻井作业过程为平衡地层垮塌应力，采用的泥浆密度较高，为 $1.45g/cm^3$，为有效解除钻井的污染及避免完井射孔作业后工作液对地层产生新的污染，采用电潜泵-负压射孔工艺联作管柱负压射孔。完井管柱结构设计的指导思想是：满足油田开发方案的要求，有效保护油藏，保证产能；满足工艺要求，保证施工的可行性和成功率；满足油井后期生产和进行生产测井的需要。

2）联作管柱结构

电潜泵-负压射孔工艺联作管柱结构，其主要工具如下：井下安全阀、244.5mm 电泵封隔器及放气阀、生产滑套、Y 接头、电泵机组、工作筒、减震器及丢枪接头、射孔枪及点火头系统。

（1）Y-Tool 工具。Y-Tool 工具系统将电潜泵和负压射孔工艺有机地结合在一起，以保证各系统的正常工作。Y-Tool 工具主要由上、下两出口及下侧出口构成，上出口连接生产管柱，下出口连接工作筒及负压射孔工艺管柱，下侧出口连接电泵单流阀和电泵机组。当需要电泵封隔器座封、电泵排液或电泵生产时，将堵塞器投入工作筒内；当投棒点火或自喷生产时，将堵塞器取出工作筒。

（2）联作减震措施。在射孔的瞬间由于爆炸力的作用会对生产管柱产生强烈震击，可能使井下完井工具损坏。震击破坏力的大小与射孔的长度、射孔弹的大小、射孔负压值的大小、射孔液的密度、套管尺寸、井底口袋长度、井斜及封隔器和电潜泵的位置等因素有关，难以对其进行准确计算。

减震的目的就是采取有效的措施尽可能地减少射孔瞬间的震击力，有效保护井下电潜泵机组及其他完井工具在射孔瞬间不被震坏。减震的主要措施是在射孔枪上部串联纵向和径向减震器，并辅以一定数量的 73mm 小油管，从而较大限度地吸收震击能量，同时管柱结构又相对简单，便于施工。

尽管可以采取有效的措施减少因爆炸引起的机械压缩和机械振动引起的破坏，但以声速传播的爆炸冲击波引起的破坏作用很难避免，其大小也很难计算。除了采用减震器和小油管的减震外，电潜泵管柱封隔器的位置对减少爆炸冲击波的破坏性也有一定影响。爆炸冲击波产生后的传播途径为沿旁通测压小油管、Y-接头、生产油管至井口的方向传播。在通过封隔器时会产生反作用冲击波，封隔器离井下电潜泵机组越远，反作用冲击波对电潜机组的作用就比较小。常规的电潜泵管柱封隔器在泥线下一定位置，离井下电潜泵机组较远，对减震是有一定好处的。另外，由于电潜泵机组接在 Y-接头的另一侧，冲击波传播时测压小油管旁通过电泵机组，对电潜泵的直接冲击也相对较小。

纵向减震器的减震原理为：射孔完后强烈的震击力推动下接头和连接套向上运动，剪切销被剪断，弹簧被压缩，吸收部分纵向震动；同时外套管和内筒之间的环空被压缩，液体从排液孔流到套管，进一步降低了纵向震动，从而缓冲纵向冲击力。

径向减震器的作业原理为：当射孔枪点火发射产生的冲击力传递到径向减震器后，减震块径向滑动压缩弹簧，以达到减震目的，从而保护减震器以上的电潜泵等装置。

除了采用减震器和小油管的减震外，电潜泵管柱封隔器的位置对减少爆炸冲击波的破坏性也有一定影响。爆炸冲击波产生后的传播途径为沿旁通测压小油管、Y 接头、生产油管向井口方向传播。在通过封隔器时会产生反作用冲击波，封隔器离井下电潜泵机组越远，反任用冲击波对电潜泵机组的作用越小。因此，电潜泵管柱封隔器一般在泥线下一定位置，离井下电潜泵机组较远，有利于减震。另外，由于电潜泵机组接在 Y 形接头的另一侧，冲击波传播时沿测压小油管通过电泵机组，对电潜泵的直接冲击也相对较小。

除以上措施外，在投棒射孔前，环空加一定套压在封隔器上，以抵消部分震击力。

(3)射孔时负压的产生。射孔负压值的大小主要与地层的物性有关，负压值的大小以清除干净射孔孔道内的压实层和碎屑为依据。在已知地层的压力后，为了实现某一负压值下射孔，主要靠控制管柱内的液柱高度，使油管内液柱压力比地层压力低来实现负压。

对于电潜泵举升和负压射孔联作管柱，由于在射孔前要进行电潜泵试运转和油管内打压坐封封隔器，井筒内完井液是满的，为了实现负压，在射孔前先开启电潜泵排液，排出的液量进入计量罐，把排出的体积折算成井内液柱高度，根据井内液体的高度和完井液比重计算出液柱压力，从而方便地利用电潜泵的运转得到需要的负压值，且调节灵活。

(4)点火系统。目前常用的射孔枪引爆方式为投棒机械点火方式和液压引爆点火方式。考虑到与电潜泵管柱联作，管柱结构复杂，必须保证射孔引爆的成功率，采用双引爆点火方式，即在射孔枪头部安装机械点火头，在枪尾安装液压点火头。机械点火头为主要点火方式，液压点火为备用点火方式。这样可有效避免因井斜或其他原因引起的投棒引爆射孔枪失败而导致的返工工作。采用液压点火引爆时，为了释放井筒内的压力，往往在点火头上接上延时起爆装置。

(5)丢枪系统。射孔后如需进行生产测井或其他作业或地层出砂卡枪时，需要实施丢枪作业，即通过钢丝作业将机械释放装置释放，给后面的修井作业带来便利。

机械丢枪装置采用卡爪结构，由地面操作人员通过钢丝作业将移位工具下到装置位置，通过振击，将机械丢枪装置上的剪切销剪断，使限位套上移，从而释放下接头上的卡爪，达到释放射孔枪串的目的。该装置应与移位器、加重杆等工具配合使用。

2. 应用实例

2003 年 12 月，在南海西部地区的涠洲油田 2 口井首次运用了负压射孔、Y-Tool、电潜泵联作工艺，施工过程比较顺利，取得了较好的效果。其中，WZ12-1-A8 是修井上返补孔作业，WZ12-1-B20 是新井完井作业，以 WZ12-1-B20 井 ESP 和 TCP 负压射孔联作为例进行简要总结。

1)施工准备

除按联作管柱设计要求准备相应完井设备、井下工具和材料，并进行功能实验外，对井筒进行套管清刮，用洗井液清洗干净井筒，清洗干净后替入过滤干净的完井液。

2)作业注意事项

由于联作工艺现场实施相对较复杂，下管柱所占整个完井时间相对较长，如果返工，会带来较大的损失。在实施 WZ12-1-B20 井完井作业时，各项工序均按设计和操作规程进行，严防井下落物。实际操作时采取以下主要措施。

(1)按设计的生产管柱结构下入电潜泵-负压射孔联作管柱时，要注下钻平稳，避免任何猛提猛刹、顿钻和溜钻现象的发生。

(2)入井前，再次检查电潜泵机组外观是否完好；进行盘轴检查，转动轻便无异常响声。

(3) 按射孔作业基本要求进行校深操作。

(4) 所有入井的油管及工具都通过通径检查。检查清洗丝扣, 严格按规定的紧扣扭矩上扣, 保证工具连接的安全和密封。

(5) 射孔点火时套管环空加压到 3.45MPa, 以减少射孔时引起的震动。

(6) 每下 10 根油管测量电缆对地绝缘和相间直流电阻。

(7) 在整个下管柱过程中, 井口有专人负责电缆的下入和保护, 每根油管安装一个电缆保护器。

3) 作业效果

WZ12-1-B20 井作业由 2003 年 12 月 22 日开始, 至 2003 年 12 月 27 日结束, 共用时 5.18 天完成了该井的 ESP-TCP 联作, 一次施工成功。作业时间节省了 1 天左右, 作业费用除了因节省作业时间而节约了与日费率相关的费用外, 还节省了压井液的用量, 仅完井液节省费用就达 20 万人民币左右。投产后测产能符合地层的供液能力, 完井后地层污染表皮系数约为 5, 达到了预期的目的。

3. 结论

(1) 电潜泵-负压射孔联作与常规工艺减少了, 节省了作业时间。

(2) 电潜泵-负压射孔联作不用压井, 可以避免因压井作业对储层带来的潜在伤害。

(3) 负压值调节灵活, 射孔后马上投产, 对于地层压力低或自喷能力弱的井, 具有较大的优越性和经济效益。

(4) 电潜泵-负压射孔联作可用于油田生产后期的补孔作业和新油田的完井作业。

(5) 射孔后如果需要可把射孔枪释放到井底, 满足生产和生产测井的要求。

(6) 出砂严重、地层情况比较复杂及井斜较大、钢丝作业困难的井, 不推荐使用电潜泵-负压射孔联作。

5.1.2 不漏失防污染管柱工艺

低压储层油井在修井作业时其工作液的漏失, 既影响油井产量的恢复, 也对储层有一定程度污染的状况, 经过多年研究与实践, 研制开发出了一套海上防污染管柱工艺技术, 该工艺通过丢手下入防污染管柱, 在生产期间提供产液、措施通道, 在修井作业时起到封堵了储层的作用。解决油井的大量漏失及对储层的伤害。

1. 关键工具

结合海上油田生产井对措施通道不同的要求及特点, 设计了适用于单管电泵管柱类型生产井的单管防污染管柱和适用于 Y-Tool 电泵管柱类型生产井的 Y 管防污染管柱。研制了其关键工具: 单管防污染阀和 Y 管防污染开关。

1) 单管防污染阀

针对单管电泵生产井设计的单管防污染工具结构(图 5-1)。单管防污染阀针对单管电泵生产油井的特点, 提供了单向无阻产液通道和定压注入通道(用于酸化类作业的过流通道), 不提供类似钢丝作业的通道。

2)Y 管防污染开关

针对 Y 管电泵生产油井设计的 Y 管防污染工具结构(图 5-2)。Y 管防污染开关针对

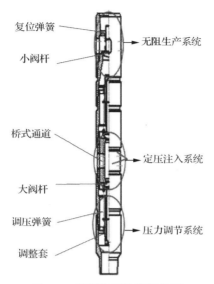

图 5-1　单管防污染阀结构图

工具说明：①工具全金属构造(包括密封部件)，无橡胶类等易损部件，可多次重复使用；②当量直径 $\phi62mm$ 无阻生产通道单向导通，日产液量 1440m³ 时其节流阻力不足 0.01MPa；③定压注入装置当量直径 $\phi42mm$，其开启压力室内设置值为 8MPa(可调)；④该工具实现普通防污染管在井下作业时储层保护，同时满足无阻生产及定压注入

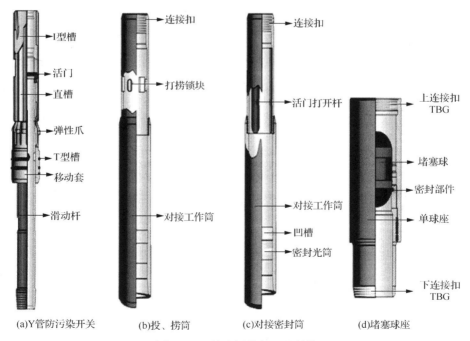

(a)Y 管防污染开关　　(b)投、捞筒　　(c)对接密封筒　　(d)堵塞球座

图 5-2　Y 管防污染阀工具结构

Y-Tool 电泵生产油井的特点，提供了产液、措施通道。通过对接密封筒与 Y 管防污染开关的相互机械作用"开/关"产液、措施通道，实现防污染和措施通道建立。

2. 海上防污染管柱设计及工作原理

1) 单管防污染管柱设计及工作原理

结合南海西部油田单管电泵生产油井主要是"单管电泵生产管柱＋防砂管柱"的特点，设计的单管防污染管柱，由丢手工具、油管、单管防污染阀、插入密封、尾管组成。该管柱通过丢手作业下入井内，利用防砂管柱的顶部封隔器与匹配的插入密封相互作用封堵储层部分井段。正常生产时，单管防污染阀提供单向无阻产液通道。进行酸化类作业时，井筒打压至设定置。例如，8MPa（考虑井筒液柱影响）时单管防污染阀的定压注入装置开启。维持不小于 8MPa 的压力，定压注入通道保持开启状态，可实施酸化类等注入作业。当井筒压力小于 8MPa，定压注入通道关闭，井下作业的静液柱压力不足以打开该注入装置。

2) Y 管防污染管柱设计及工作原理

结合南海西部油田 Y 管电泵生产油主要是"Y 管电泵生产管柱＋防砂管柱"的特点，设计的 Y 管防污染管柱。

该工艺管柱由上管柱和下管柱两部分构成。上管柱主要工具有油管、带孔管、堵塞球座、对接密封筒组成，连接在原 Y-Tool 电泵生产管柱措施旁通管下端。下管柱主要工具有 Y 管防污染阀、插入密封和油管组成，由丢手作业下入井内，与防砂顶部封隔器相互作用堵塞储层井段。

Y 管柱防污染管柱上、下管柱对接前，下管柱处于关闭状态，此时 Y 管防污染管柱下管柱起到桥塞作用，封堵了储层井段，井下作业时实现了防漏失功能。

Y 管防污染阀上、下管柱对接后，上管柱对接密封筒与下管柱 Y 管防污染开关相互机械作用，使活门开启，平衡孔开启，同时由 Y 管防污染开关上滑套的密封 O 圈和对接密封筒内密封光筒段实现两者的密封，此时 Y 管防污染管柱产液、措施通道畅通。

3. 现场应用

海上油井防污染管柱工艺中的单管防污染管柱在南海西部油田 WZ11-4-A3 井应用，管柱作业施工风险低，防井下作业工作液漏失效果明显。

WZ11-4-A3 井是一口日产液量 500m^3/d 左右的单管电泵生产井。井身结构为 177.8mm 套管，人工井底 1180m，最大井斜为 42°（826.0～872.0m），完井方式为套管射孔防砂管柱砾石充填，防砂管柱为 52.26m，顶部封隔器为贝克公司的"SC-1"系列。

根据 WZ11-4-A3 井的基本数据，设计和现场应用的管柱如图 5-3 所示。

WZ11-4-A3 井单管防污染管柱的送入、定位及脱手作业均顺利完成。单管防污染管柱下入前，测得其井筒工作液漏失量为 2.5m^3/h。单管防污染管柱下入后观察井筒无漏失，对井筒试压 800psi，稳压 10min，合格说明插入密封与防砂顶部封隔器密封良好，单管防污阀起作用，满足防止修井液漏到地层的功能。修井后启泵投产产液状况良好，管柱过流通道满足生产需要。

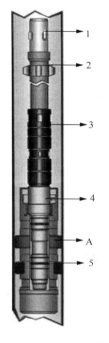

序号	工具名称	最大外径 /mm	最小内径 /mm	长度/m	底部深度 /m
1	旋转式丢手下体	140.00	66.00	2.24	1015.28
2	$3\frac{1}{2}$EUE油管+扶正器	152.00	76.00	50.06	1065.34
3	普通防污染阀	132.00	62.00	1.07	1066.41
4	定位接头	114.00	76.20	0.09	1066.50
5	插入密封	98.00	83.31	1.60	1068.10
A	BEKER SC-1封隔器				

图 5-3　WZ11-4-A3 井单管防污染管柱(文后附彩图)

图中 EUE 表示外加厚

4. 几点认识

(1)海上防污染管柱的研究、设计和应用解决了生产油井井下作业时其工作液往储层漏失的问题，保证了油井产量，保护了油井储层。

(2)海上防污染管柱充分利用了油井防砂管柱的顶部封隔器，使防污染管柱起到井下桥塞的作用，在井下作业时封堵储层井段。

(3)海上防污染管柱实现了一趟管柱防漏失及措施通道建立的双重目的。

(4)海上防污染管柱产液、措施通道的"开/关"动作通过液压、机械作用来完成，操作简单、可靠。

(5)海上防污染管柱不适用于井筒严重出砂、结垢的生产油井。

5.2　定向开窗侧钻技术

5.2.1　定向开窗侧钻技术在油田开发中的作用

为了油田的稳产高产，以及盘活老井废井，推广应用油层套管开窗侧钻技术可增加原油产量，提高采收率。这项技术的开展，国外已有近半个世纪的历史，我国也有 10 多年的施工经验。定向开窗侧钻目前有两种成熟的侧钻类型。

第一种是套管段铣开窗方式，即利用段铣工具把套管的侧钻点上下的一段油层套管铣掉，从而使管外地层裸露，裸眼段注水泥后扫水泥至侧钻点，然后再利用弯螺杆钻具定向造斜进入地层，按设计轨迹定向钻出一个新的井眼。这种开窗工艺不受开窗段固井质量的限制，施工安全性高，缺点是施工时间较长。2000 年在造斜器未引进前侧钻井均采用此方法开窗，目前对大斜度井及套管腐蚀严重无法实现地锚悬挂或有特殊要求的井仍然采用段铣开窗。

第二种是固定斜向器开窗方式，该方法是通过在套管内预定位置下斜向器，并使用陀螺进行定向，然后利用磨铣工具把套管定向磨出一个侧窗的工艺过程。该方祛对操作水平要求高，需要精确的钻压和转速。在套管外水泥封固质量差的井段进行固定斜向器开窗，开出的窗口质量不能保证，容易造成卡开窗、修窗工具，起下钻遇阻等复杂情况。但对于大多数开窗段水泥质量良好的井来说，该方法操作简单、速度快、造斜率高、窗口稳定、不易坍塌，对下步作业施工有利，自 2000 年以后大多数侧钻井均采用此工艺开窗。

5.2.2　涠洲 11-4 油田应用背景

涠洲 11-4 油田建于 1991 年，生产至今已进入高含水期，部分油井含水高达 98%。为实现控水增油提高油田采收率，在涠洲 11-4 油田多口井实施化学堵水作业，但总体效果甚微。

WZ11-4-A14 井于 1991 年 11 月开钻，1992 年 2 月钻至井深 1476m 完钻，1994 年 8 月投产。投产初期生产情况良好，排量为 100m³/d 的电泵日产油 155m³/d。该井含水上升较快，为维持产油量于 1997 年 2 月至 2000 年 3 月期间进行了三次换大泵提液，增油效果明显。2000 年 3 月第三次换大泵作业后，产油量 88m³/d，含水率 84%，产液量 557m³/d。

随着含水率的上升，该井日产油量逐渐下降，2003 年 6 月份，该井产油量下降到 37.4m³/d，含水率 93.2%，产液量 550m³/d，遂决定进行堵水作业，以便降水增油。堵水作业于 12 月底实施。堵水前该井产油量 33m³/d，含水率 94%，产液量 544m³/d，堵水后于 2004 年 1 月开井，产液量大幅度下降。由于产液量远低于泵的额定排量（400m³/d），电泵欠载频繁，无法正常生产。为了恢复正常生产，2004 年 2 月 6-8 日进行修井，换上额定排量为 100m³/d 的电潜泵，但是仍然频繁欠载，无法正常排液。后又经过三次解堵作业，但均告失败。

为使该井重新产生经济效益，决定利用该井老井眼从 177.8mm 尾管开窗往东避开堵水污染带，向剩余油相对富集区的疏松层顶部下斜向器开窗侧钻，从而复活该井。这是涠洲 11-4 油田的首次开窗侧钻作业。

5.2.3　侧钻定向井钻井工艺

1. 井筒准备

(1)循环压井，起出井下电泵生产管柱。套管程序如表 5-1 所示。

表 5-1　套管程序表

序号	套管尺寸	钢级	套管鞋深/m	重量/(kg/m)
1	30″	B	133.59	459.84
2	13-3/8″	J55	242.20	150.6
3	09-5/8″	K55	826.25	69.94
4	07″	K55	1471.50	43.16

(2)清刮 7″ 套管后,将桥塞坐封于 1203m 设计深度。套管试压 2500psi/10min,合格。

2. 放置斜向器

斜向器正确放置是开窗侧钻的第一个关键技术,是侧钻大修的最重要步骤,是影响侧钻成功的关键。

组合开窗工具(铣锥及上、下西瓜铣)和斜向器一起下到目的深度,测试 MWD 正常并多次校对工具面稳定后,才能释放斜向器。

3. 开窗、修窗

磨铣开窗是开窗侧钻的第二个关键技术,且风险最高。

初始磨铣参数选择 $0.5t \times (60r/min) \times 2500N \cdot m \times 100spm^{①} \times 870psi$,扭矩忽大忽小,变化急剧,由 $2500N \cdot m$ 在较短的时间内聚增至 $6500N \cdot m$,多次转盘憋停,几乎无法继续后续的磨铣开窗作业。认为是金属断屑不及时和被开窗的金属材质较软,金属长屑楔卡所致,随后提转盘转速至 100 r/min,井况转好。

开窗成功并反复修理窗口,起钻。

4. 地层钻进

组合下入定向钻具,顺利通过窗口,调整泥浆性能后开始进入地层。新钻井眼 5.5° 狗腿造斜,从 1206m 成功定向至 1390m,井底偏离老井眼位移 42m,油藏方面要求在油层内至少穿行 20m,实际穿行 21.18m。所有指标都达到要求,调整泥浆性能后短起至 7″ 套管观察 2h,井筒无溢流,再下放管柱探底至 1390m,无沉砂。钻具来回顺利通过窗口。

5.2.4　侧钻定向井完井工艺

按管柱明细表下入防砂管柱、管外封隔器 ECP、冲管、顶部封隔器及送入工具,探底 1390m 后上提半米/坐卡瓦。循环顶替完井液,再将破胶液顶至裸眼段。钻杆内打压坐封顶部封隔器,验封后脱手起出钻具,再下入坐封管柱坐封管外封隔器,最后下入电泵生产管柱恢复生产。

---

① Strokes per minute,表示每分钟冲数、行程次数或每分钟冲程数,相当于 $1.9m^3/min$。

5.2.5 结论与认识

(1)老井开窗侧钻,可有效恢复产能。WZ11-4-A14 井定向开窗侧钻前产能为零,定向开窗侧钻后产油量 184m³/d。开窗、侧钻作业是油田中后期大修井作业向纵深发展的大方向。

(2)斜向器准确放置是侧钻收效的技术关键,确定侧钻裸眼井段在产层富含油的上层延伸钻进。

(3)套管开窗是侧钻作业风险点,必须加强过程跟踪控制,避免井下事故,确保井下作业安全。

5.3 射孔优化技术

射孔完井对油气井产能影响很大,为提高射孔对产能影响机理的认识,指导现场应用,从而提高射孔效果,笔者对射孔完井对产能影响的规律进行长期深入的研究,形成一套科学系统的射孔方案设计方法。主要通过射孔参数、钻井污染对产能的影响分析来决定最终的射孔方案。

5.3.1 射孔参数对产能的影响分析

1. 孔深的影响

在有钻井伤害而无射孔伤害时,只有当射孔眼深度超过伤害带的 40%或 50%时,井的产能才不会降低,并且随孔深的增加而增加,但当孔深增加到一定程度后,产能基本稳定。

2. 孔径的影响

孔径对油井的产能也有一定影响,但不如孔深和孔密的影响大。通常情况下,采用孔径为 13mm 的孔眼,效果较好,对于有积垢或石蜡沉积趋势的井,建议采用 19mm 的射孔孔眼。

3. 孔密的影响

当孔密很小时,提高孔密时产能比的增大比较明显。但当孔密增大到某一值时,孔密对产能比的影响不明显。经验表明,当孔密为 26~39 孔每米,会以最低成本使产能达到最大。

4. 相位角的影响

在各向同性地层中,相位角由 0°变到 90°或 180°时,产能有较大的提高,相位角在 90°和 180°之间变化时,产能没有太大的变化。

5.3.2　钻井污染对产能的影响分析

钻井伤害深度为伤害区外边界至井筒水泥环的距离。如果能射穿钻井伤害带，则钻井污染对产能的影响不严重，若无法射穿伤害区，则钻井污染对产能的影响将非常严重。由此可知，提高产能的办法是钻井过程中使用优质钻井液控制伤害深度，或使用深穿透射孔弹射穿伤害带。

5.3.3　射孔优化设计应用

1. 涠洲探井优化对比分析

结合涠洲油田具体情况，选一口探井进行优化设计对比分析，优化结果与测试资料对比得知：在污染 10 天情况下（实际钻井液污染时间），原始射孔弹 DP51HMX-3 射孔优化预测采油指数与测试结果基本吻合，说明优化设计参数选取和结果正确。相同情况下，优化设计新增射孔弹 692D-178H-1 且在污染 10 天时采油指数为 $9.04\text{m}^3/(\text{MPa}\cdot\text{d})$，说明在打穿污染带时增加孔密可增加产能。优化结果如表 5-2 所示。

表 5-2　优化结果表

测试层号	射孔枪型	射孔弹型	孔密 /(孔/米)	相位 /(°)	校正孔深 /m	采油指数/[m³/(MPa·d)] 污染10天	污染15天	污染20天	总表皮 污染10天	污染15天	污染20天	套降系数
DST1	HY178	DP51HMX-3	16	60	400.49	6.68	6.64	6.61	2.874	2.95	2.987	0.008
	HY178	692D-178H-1	40	45	376.77	9.04	8.76	8.71	0.374	0.42	0.484	0.019

2. 开发井射孔优化

根据开发生产井成块连片、相同区块地质条件基本一致的特点，对开发生产井采取了区块优化的方式。在涠洲探井优化设计研究的基础上，对涠洲油田的开发井进行了应用，并取得了较好的应用效果。

1）射孔方案设计参数准备

涠洲 11-1 油田开发井射孔参数选择遵循以下原则：地层物性参数借鉴油田岩心数据；流体参数借鉴探井的 PVT 实验数据；下面以 WZ11-1-A1 井为例，介绍开发井射孔优化设计方案的制定。

（1）器材选择、孔深、孔径校正。

根据井身结构，优化设计选择了 127mm、114mm 两种射孔枪。并从孔深、孔密、相位三方面综合考虑选择了 4 种弹型，分别为高孔密（692D-127H-3，30 孔/米，相位 45°；DP35HMX-44-127，40 孔/米，相位 45°）和深穿透（692D-127H-1，16 孔/米，相位 60°），以上三种射孔弹配套射孔枪为 127mm 枪。还设计了配套 114mm 射孔枪的射孔弹（DP35HMX-44-114，40 孔/米，相位 45°）。通过校正后的穿深比较认为，114mm 射孔枪穿深较小，该种枪弹组合可以舍弃，结果如表 5-3 所示。

表 5-3 射孔参数表

层位名称	射孔弹型	校正孔深/m	校正孔径/mm
流三段 I	DP35HMX-44-127	279	10.1
	692D-127H-3	364.4	9.8
	692D-127H-1	579.3	11.5
	DP35HMX-44-114	245.8	9.2
流三段 IIIA	DP35HMX-44-127	285.5	10.1
	692D-127H-3	372.9	9.8
	692D-127H-1	592.9	11.5
	DP35HMX-44-114	251.5	9.2
流三段 IIIB	DP35HMX-44-127	270.3	10.1
	692D-127H-3	353	9.8
	692D-127H-1	561.2	11.5
	DP35HMX-44-114	238.1	9.2

（2）污染预测。

根据涠洲油田开发井钻井地质设计，完井周期在 20 天以内。因此采用了 10 天、15 天、20 天三种方案（表 5-4）。

表 5-4 WZ12-1-A1 完井参数设计表

泥浆浸泡时间/d	层位名称	污染深度/mm
10	流三段 I	132.94
	流三段 IIIA	210.97
	流三段 IIIB	270.95
15	流三段 I	162.84
	流三段 IIIA	258.41
	流三段 IIIB	331.87
20	流三段 I	188.05
	流三段 IIIA	298.4
	流三段 IIIB	383.22

通过对比得出，流三段 I 层污染在 20 天时，4 种射孔弹均能打穿污染带，其中以 692D-127H-1 射孔弹穿过污染带最大，692D127H-3 次之。对于流三段 IIIA 层，除污染大于 15 天时 DP35HMX-44-114 射孔弹不能打穿污染带外，其余 3 种射孔弹均能打穿污染带。对于流三段 IIIB 层，当污染大于 15 天时，只有 692D-127H-1 射孔弹能穿过污染带。

（3）产能预测。

产能预测结果如表 5-5 所示。对于各井流三段 I 层流三段 IIIA 层 692D-127H-3 射孔弹所求采油指数较其他射孔弹高。对于各井的流三段 IIIB 层污染时间在 15 天以下时 692D-127H-3 射孔弹所求采油指数高，污染时间超过 20 天时，692D-127H-1 射孔弹所求采油指数高。

(4)孔容分析。

射孔井产能除了与穿深，污染有关外，孔容也是很关键的参数。通过两种枪配套 4 种射孔弹型的对比，692D-127H-3 射孔弹的孔容最高为 590338mm^3，其次为 DP35HMX-44-127 射孔弹的孔容 578081mm^3。

表 5-5　产能预测结果表

层位名称	射孔弹型	采油指数/[m^3/(MPa·d)]			套降系数/%
		污染 10 天	污染 15 天	污染 20 天	
流三段 I	692D-127H-1	3.75	3.74	3.72	1.40
	692D-127H-3	3.86	3.85	3.83	2.00
	DP35HMX-44-127	3.82	3.8	3.79	2.80
	DP35HMX-44-114	3.6	3.6	3.6	2.70
流三段ⅢA	692SD-127H-1	7.89	7.87	7.86	1.40
	692D-127H-3	8.23	8.1	7.98	2.00
	DP35HMX-44-127	7.95	7.87	6.61	2.80
	DP35HMX-44-114	7.47	6.32	6.25	2.70
流三段ⅢB	692SD-127H-1	10.53	10.51	10.5	1.40
	692D-127H-3	10.58	10.48	8.54	2.00
	DP35HMX-44-127	8.89	8.75	8.65	2.80
	DP35HMX-44-114	8.41	8.27	8.16	2.70

2)射孔工艺

油管传输负压射孔工艺可以施加较大负压值，使孔眼得到清洗，有效控制射孔对地层的污染，并能采用高孔密，深穿透射孔弹型，可确保穿过钻井或固井伤害的污染带，使油井发挥最大产能。同时改工艺适应多层、长井段和斜井等条件，还能实现射孔和测试同时完成。

3)优化射孔方案制定

(1)通过以上优化结果，当污染天数较小时，采用 692D-127H-3 射孔弹为第一方案。

(2)根据实际钻井污染天数如果污染过大，部分层位采用 HY127 枪，692D-127H-3 射孔弹，孔密 16 孔/米，相位 60°。炸药类型为 HMX，为备选方案。

3.　应用效果评价

由于实际钻井过程中进度较快，在涠洲油田的几口开发井均采用了以上推荐的第一方案，射孔液体系与推荐负压在施工中反应良好。在单井完钻后根据实际的测井资料和地质资料对个别参数进行了修正，所得结果与实际试油产量基本吻合，达到射孔优化的预期目标。

4.　结论

射孔优化应以储层物性为基础，充分利用测井信息，对射孔敏感参数优化组合，形成最优化的射孔方案。通过射孔优化设计可以指导油田开发射孔方案的制订，避免了在选择枪弹时的盲目性，为区块的经济高效开发提供理论依据，达到了提高油井产能的目的。

5.4 注 采 技 术

涠洲 12-1 油田为一注水开发油田，为完善注采关系，本着注够水、注好水的原则，经过多年的探索与实践，逐步形成了适合于北部湾盆地注水开发油田的注水工艺技术。

5.4.1 同心集成细分注水工艺

涠洲 12-1 油田属于多层构造、层间非均质性严重的注水开发油藏，曾采用过偏心配水技术，但由于海上油田大多为大斜度深井，钢丝作业难度较大，通过几年的实践证明该技术不适合大斜度井。后来又采用滑套笼统注水技术，该工艺技术对各层的注入量无法控制，无法实现全井合理配水，注水量不能满足油藏要求，达不到注水开发的效果。为解决上述问题，提出同心集成细分注水工艺。

1. 可行性分析

同心集成细分注水工艺要求设计出适应涠洲 12-1 油田的多层井下配注注水管柱，并能通过钢丝作业进行配注量的调节，可实现涠洲 12-1 油田井下多层(4~6 层)配注，各层段注水量的测试和层间验封，根据生产动态要求对各层的注水量进行调整，产液剖面的动态监测，单层配注量范围为 50~500m³/d，全井配注量为 2000m³/d；注水封隔器耐压差 30MPa，耐温 120℃；测试仪器耐压 60MPa，耐温 120℃。

陆地油田的同心配水技术已实现了在 Φ139.7mm 套管内用 Φ73mm 油管分 4 层段的细分工艺。开发研制符合海上油田 Φ177.8mm 套管内用 Φ88.9mm 油管分 6 层段的细分技术是可行的。

2. 技术研究

1) 工艺管柱设计

同心集成式细分注水工艺管柱主要由内径为 76mm 的 Y341-148 分层封隔器，Φ66mm、Φ63mm、Φ60mm 配水封隔器及内捞式 Φ66mm、Φ63mm、Φ60mm 配水堵塞器组成如图 5-4 所示。

配水封隔器的中心管作为配套堵塞器的工作筒，封隔器胶筒上下分别有注水通道与地层连通，配水堵塞器上也有两个注水通道，在这两个注水通道内分别装有水嘴，与封隔器的注水通道相对应，将堵塞器投入到封隔器中心管内，达到一级配水封隔器配注两层的目的。同时，在配水堵塞器的中间开有 Φ28mm 的通孔，作为下面其他层段的注水通道。该工艺可实现 6 个层段以内的分层注水与测试。

为防止管柱蠕动，在注水管柱的最顶部使用水力锚带卡瓦的 Φ177.8mm RH 封隔器实现定位支撑，防止管柱蠕动，避免对封隔器密封部件的损坏。在顶部封隔器上部安装洗井滑套，便于以后压井、洗井作业。为了防止以后起管柱能顺利起出，除顶部封隔器外，其他封隔器都不带卡瓦。

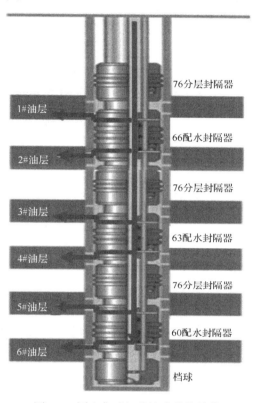

图 5-4　同心集成细分注水管柱结构

2）井下工具的研制

（1）Y341-148 型封隔器。

该封隔器是悬挂式不可洗井封隔器。技术指标：最大外径为 148mm，长度为 1.04m，坐封压力为 15MPa，工作压力为 30MPa，工作温度为 120℃。按功能分为配水封隔器和分层封隔器两种。Y341-148 分层封隔器内径为 Φ76mm，用于封隔地层；Y341-148 配水封隔器的内径依次为 Φ66mm、Φ63mm、Φ60mm，可实现 2～6 层分注。

Y341-148 封隔器在设计上进行了改进，有三点不同于陆地油田使用的同型号常规封隔器。

①锁紧机构由常规卡簧锁紧改为细齿马牙扣锁紧，坐封后封隔器最多后退 1mm，保证封隔器的工作性能长期有效。

②由于海上油田绝大多数井都为大斜度井，为防止在下入过程中途坐封，坐封机构设计上使用了双层套，将坐封套设计在外套之内，即使作业过程中遇阻或与套管壁摩擦，坐封套也不会移动。

③研制出一种耐温 120℃、承压差 30MPa 边胶筒带保护伞的三组合压缩式胶筒。

(2) 同心配水堵塞器。

同心配水堵塞器简称配水堵塞器或配水器，设计外径有 $\Phi66mm$、$\Phi63mm$、$\Phi60mm$ 3 种，分别与对应的配水封隔器相配套。技术指标：长度为 0.4m，工作压力为 30MPa，工作温度 120℃。

配水器顶部有定位台阶，用于投入时定位；上下各有一个注水通道，注水通道内装有水嘴，控制对应层段的注入量；两注水通道间有密封圈隔离，与配水封隔器的注水通道相对应，用于为对应地层注水；中心过流通道用于向下部地层供液(图 5-5)。为了克服密封圈在井下长时间工作引起膨胀，增加打捞负荷，设计了聚四氟乙烯"T"形密封圈。

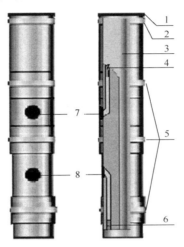

图 5-5　同心配水器结构

1.定位台阶；2.防砂密封胶圈；3.中心通道；4.上水嘴；5.密封段；6.下水嘴；7.上出水孔；8.下出水孔

(3) 测试技术与测试仪器的研究。

① 测压验封技术及仪器。

测压验封技术主要是通过不同方式的压力测试测取地层压力，解释地层参数或验证管柱的密封性能，它由测压堵塞器、小直径电子压力计、地面数据采集处理系统三部分组成。集成式测压验封仪由打捞头、电路仓、进液孔、传压孔、密封段等组成，其中验封导压孔可以打开或关闭。技术指标：长度为 1.37m；外径为 68(65、62)mm；量程为 0~60MPa；耐温 120℃；分辨率为 0.0005MPa，采样点数 8000 点；精度 0.2%F·S[①]。

测压验封仪外径有 $\Phi66mm$、$\Phi63mm$、$\Phi60mm$ 3 种，分别与 3 种配水封隔器相对应。将设置好的测压验封仪依次投入配套的 Y341-148 配水封隔器内；测压验封仪上的密封圈将两个导压通道隔离，与配水封隔器的注水通道形成对应，使每个压力传感器对应一个地层，实现各层段压力同步测试(图 5-6)。上紧验封导压孔压帽，两个测压孔只能与对应的压力传感器相连通，可以测得两个地层的压力变化。打开验封导压孔压帽，上测压孔即与油管相连通，作为激动层，下测压孔与油管不连通，作为反应层，验封测试时，

---

① F·S 表示满量程。

从地面反复改变注入压力，压力计记录并存储上下层压力变化，取出后在地面回放，即可验证封隔器的密封性。

②流量测试技术及仪器。

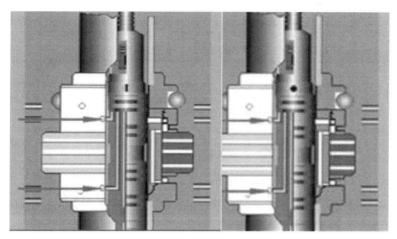

图 5-6　封层测压、验封原理图（文后附彩图）

用于流量调配测试的主要工具包括测试堵塞器和涡街流量计。测试堵塞器外径有 $\Phi66mm$、$\Phi63mm$、$\Phi60mm$ 3 种，分别与 3 种配水封隔器相配套。测试时，根据配注要求，在测试堵塞器的两个注水通道装入水嘴，控制注入量；连接好流量计并装好仪器护套；将连接好的测试堵塞器依次投入配套的 Y341-148 配水封隔器内；测试堵塞器上的密封圈将两个注水通道隔离，与配水封隔器的注水通道形成对应，使每支流量计对应一个地层，实现各层同步测试；注入水经流量计集流通道、水嘴及对应注水通道注入对应的地层；流量计记录对应地层的注入量；仪器起出后，由计算机回收测试数据并进行解释，确定调配结果的合格性。

涡街流量计整体为不锈钢全密封结构，长为 420mm，外径为 $\Phi38mm$、过流通道内径为 $\Phi28mm$，耐压 60MPa，耐温 120℃，流量范围为 50～500m³/d，采样点数 4000 点，测量精度±2.0%。主要由涡街传感器、流体通道、电路仓等部分组成。该流量计的特点是：①输出为脉冲频率，其频率与被测流体的实际体积流量成正比，不受流体组分、密度、压力、温度的影响；②精度高，线性范围宽；③无弹簧、浮子等可动部件，可靠性高，结构简单牢固，安装方便，维护简便；④控制软件功能完善，包括流量计标定、现场测试、数据处理、成果输出等模块。实现了流量计从标定到现场测试的数据采集、处理自动化。

为保证过流通道有足够的面积，流量测试堵塞器的过流通道采用异型结构设计，中心过流通道横截面积分别相当于 $\Phi42mm$、$\Phi36mm$、$\Phi31mm$ 的圆，满足每层位的注入量不小于 500m³/d 的要求。两只 $\Phi38mm$ 涡街流量计对顶放置，能满足测试总注入量 2000m³ 要求。

涠洲 12-1 油田为满足单层配水需要，设计了 $\Phi4mm$～$\Phi14mm$ 水嘴，通过实验，$\Phi14mm$ 满足单层注入量不小于 500m³/d 时的压降要求和工具(配水堵塞器、测试堵塞器)结构的技术要求。

(4)投捞工艺的研究与改进。

在原陆地油田钢丝投捞的基础上,结合海上作业要求,在投捞工具方面做了较大改进,把原来非标准化的投捞方式改用了海上标准化钢丝作业投捞方式进行投捞,这样大大降低了井下钢丝投捞的风险,为安全施工提供依据。

①在不改变工具本身结构下,原配水堵塞器、坐封堵塞器的打捞头改用 58.72mm 的内打捞头,并与原配水器配套,用 63.5mm 的 GS 进行投捞。

②在不改变工具本身结构下,原测试堵塞器、验封仪打捞头改用 1-1/2″ 钢丝工具串绳帽式的打捞头,并与原测试堵塞器、验封仪配套,用 50.8mm 震击器(JDC)进行投捞。

3. 现场实验情况

该项技术研究成功后,已在南海西部涠洲 12-1 油田应用 3 井次,工艺成功率和有效率达到 100%,在井下工作最长时间达到 21 个月,验封测试 6 次均合格,目前封隔器密封完好,流量调配测试 13 次,分注效果显著。

1)WZ12-1-A10 井现场作业情况简述

WZ12-1-A10 井是涠洲 12-1 油田中块的一口注水井。该井实施了四级四段同心集成细分注水。该井于 2006 年 2 月 25 日下入同心集成式细分注水管柱。2 月 27 日 18:50 下入钢丝打捞坐封堵塞器,打压 15MPa 坐封封隔器,22:05 坐封堵塞器全部顺利捞出;2 月 28 日 1:45 用钢丝依次下入下 Φ60mm、Φ66mm 测压验封仪,下入深度 3407.00m(Φ60mm 配水封隔器位置)、深度 3240.00m(Φ66mm 配水封隔器位置),脱手后起出钢丝工具。2 月 28 日 6:25 注水,注水压力 14.2MPa,通过注水水嘴作"开-控-开"控制进行验封,控制压力 12.2MPa,稳定间隔 10min。为保证一次测试成功,作"开-控-开"控制两组,两组之间关井间隔 2min。2 月 28 日 7:40 验封测试完毕,停止注水,下钢丝工具顺利捞出验封仪。电脑回收测试数据显示,下压力曲线(激动层)不随井口"开-控-开"(反应层)的动作上下波动,为对应层的压降曲线。因此,Φ66mm 配水封隔器密封良好。

同样测得 Φ60mm 封隔器密封完好,根据管柱和测验验封仪之间的连同原理,第二层和第三层之间亦封隔良好,即第三级封隔器(Φ76mm)亦封隔良好。顶部封隔器通过环空打压验封合格。

2006 年 2 月 28 日~3 月 6 日大排量注水一周,水量稳定在 1540m³/d,可进行调配。2006 年 3 月 6 日第一次调配。预配水嘴 D 层[①](Φ12mm)、E+F 层(关 Φ0mm)、G 层(Φ11mm)、J+K 层(空 Φ16mm)。完成准备工作后,钢丝依次下入 Φ60mm、Φ66mm 流量测试仪到 3407m、3240m(钢丝深度),缓慢震击数次,使仪器到位后向下震击脱手成功,起出送入工具串。关好清蜡阀及防喷器(BOP)后将注入水嘴调到最大,进行注水,最大井口压力为 14.2MPa,最大注入量为 1149m³/d,5min 后压力及注入量保持相对稳定。用水嘴控制井口注入压力,压力间隔 1.0MPa。测试结束,打捞出测试仪器。连接电脑,回放涡街流量计,数据合格。

---

① 涠州组三段按 A, B, C, D, E, F, G, H, I, K 编号分为 10 小层。

2) 效果分析

(1) 工艺的适应性能。

在 WZ12-1-A9 和 WZ12-1-A10 井施工中,封隔器无中途坐封现象,管柱下入、坐封顺利;两口井管柱坐封后的验封测试结果和 WZ12-1-A9 井注水 8 个月后重新验封的结果均显示封隔器坐封良好,表明封隔器坐封后封隔效果良好可靠。

WZ12-1-A9 井初次施工时,由于油管清洗不彻底,造成坐封后仪器被铁锈埋,无法继续进行投捞和测试,表明该工艺对管柱的洁净程度要求较高。另一方面,上起管柱的过程和管柱起出后封隔器的状况显示,管柱上提时四级 Y341-148 封隔器均已解封,表明管柱上提时封隔器解封顺利可靠。

因油田注水水质好,施工过程中投捞、测试顺利。WZ12-1-A10 井最大井斜超过 52°,井深 3400m 以上,而且井身结构成 "S" 形,投捞顺利;WZ12-1-A9 井最大井斜超过 43°,经过 8 个月的注水后,配水堵塞器投捞仍十分顺利,打捞配水堵塞器时最大拉力只有 270kg。这表明该技术投捞工艺可靠。

(2) 测试仪器及配套工具的可靠性。

现场 3 井次验封过程顺利,WZ12-1-A9 井两次验封结果一致。根据封隔器验封的原理,测压验封仪在涠洲 12-1 油田大井斜、超深井、高温度的环境条件下工作可靠。

流量调配测试过程顺利,多次流量测试结果对比显示,流量计测试结果与井口流量对比误差最大不超过 7.0%。表明测试堵塞器在在涠洲 12-1 油田大井斜、高压、高注入量环境条件工作可靠,涡街流量计工作稳定、测试结果精度高、误差小。

WZ12-1-A9 和 WZ12-1-A10 井投配水堵塞器正常注水以来,注水量平稳;WZ12-1-A9 井第一次调配完毕,经过 8 个月的注水后,配水堵塞器完好且提捞顺利,水嘴无变化。表明配水堵塞器结构合理、性能可靠。

(3) 效果分析。

WZ12-1-A9/A10 井分注后,原吸水较少的层位注水量得到加强,原吸水量大的层位得到有效控制。如 WZ12-1-A9 井分注初期测试结果显示 E(涠三段 V)层不吸水,配注方案限制了 F(涠三段 IV)层注水量,经过 4 个月的分层注水后,重新测试的结果显示 E(涠三段 V)层已可吸水 $300m^3/d$ 以上。

油田开发数据表明,分注后有效抑制了出水层的产出,增加了产油量,低压地层能量得到补充,缓解了困扰油田的注采平衡问题。

4. 结论

(1) 同心集成细分注水工艺在南海西部涠洲 12-1 油田应用 3 井次,施工均获得成功,改变了涠洲 12-1 油田油藏注水现状,达到了油藏要求的 "细到单一小层,控到水量随时调整" 的目标,解决了层间注采矛盾。

(2) 测试投捞工艺技术可靠,适合涠洲 12-1 油田大井斜、超深井的技术要求。大排量涡街流量计测试结果精度高、误差小,并实现了同一工况下流量、压力同步测试,消除了层间干扰。新型测试堵塞器满足单层注入量不小于 $500m^3/d$ 时注水压降的技术要求。

(3) 同心集成细分注水工艺可用于 Φ177.8mm 套管直井、斜井、斜直井 2~6 层(最小卡距 2m)分层注水与分层测试井,适应不出砂、结垢不严重的注水井。

(4)同心集成细分注水工艺技术应用于涠洲 12-1 油田,使整个油田采收率提高了 2%～5%,有 20×10^4～100×10^4t 原油增产,其经济效益十分可观。

(5)同心集成式细分注水工艺技术,对于海上油田的注水开发具有十分广阔的应用前景,对保持油田的注采平衡、油田稳产和高产具有十分重要的意义。

5.4.2　倒置式电潜泵井下增压注水工艺

涠洲 12-1N 油田是多油层复杂断块油田,地饱压差大,为提高原油采收率,必须进行注水开发。由于海上平台空间的限制,井槽有限,整个平台有 13 口采油井,5 口注水井。由于井位无法再增加,同时又受注水设备能力和海管尺寸的限制,平台最高注入压力只有 14MPa,注水量有限,目前累积注采比只有 0.25,地层亏空严重。由于地层压力下降较快,地层脱气较为严重,油井产量递减较快,为防止地层能量进一步亏空,需尽快采取有效的工艺措施增加注水井的注水量。

1. 注水工艺研究

为解决涠洲 12-1N 油田的注水问题,笔者对 WZ12-1-B15 井进行泥浆泵增压注水实验。当注水压力提高到 21MPa 时,该井注入量可从原来的 330m³/d 提高到 1000m³/d。据此实验结果,笔者认为实施增压注水在该油田是可行的。

目前,在油田注水领域,利用电潜泵进行增压注水的技术,大致可分为地面方式、地下方式,地下方式又可分为口袋井式和倒置式两种。地面方式注水工艺主要以水平注水电泵为主,其缺点是占地面积大,不适合海上平台。利用电潜泵进行口袋井式增压注水,需要增加额外井槽,而平台无多余井槽,该工艺无法实现。

通过对各增压注水方式的分析与研究,设计开发出适合于海上油田的“倒置式电潜泵机组”的井下增压注水工艺技术。

1)倒置式电潜泵机组的结构

倒置式电潜泵机组在结构设计上分为三大部分:倒置电机、倒置保护器、倒置泵。

(1)倒置电机。其采用的是内置星点结构,从根本上解决了机组倒置后电机与保护器和泵的连接及动力传递问题。

(2)倒置保护器。其采用的是倒置胶囊结构,它位于电机的上下两端。以其胶囊的膨胀和收缩来实现电机的呼吸及内外压力的平衡,底部动密封采用的是机械密封结构,该结构是利用波纹管,碳质动块和陶瓷静块把旋转轴的密封转化为端面密封。为了尽可能地减少电机润滑油的漏失和井液侵入的可能性,笔者设计三道机械密封,并采用并联胶囊结构,以尽可能延长机组的使用寿命。另外,在倒置保护器内部设计有止推轴承来承担来自泵的轴向力。

(3)倒置泵。倒置泵选用的是加强型倒置防砂泵,考虑到现场作业的方便,将泵头设计为可用油管吊卡起吊的结构,以便倒置安装。

2)注水管柱及配套工具的设计

根据倒置式电潜泵机组工艺技术的特点和使用条件要求及海上平台作业施工的要

求，设计倒置式电潜泵增压注水管柱。

(1)井口悬挂器作用主要是对井筒内的高压井液、井口的液压管线和电缆的密封；同时也是井下管柱、电潜泵机组的悬挂器。注水工艺对其要求是各管线和电缆的穿越处能承受 35MPa 的压差。

(2)带孔油管，其作用是水源入口及上下管柱连接。

(3)倒置上保护器，主要作用是对倒置潜油电机的保护及与上部管柱的连接。

(4)倒置潜油电机和动力电缆，其作用是为倒置电潜泵机组提供动力源和驱动源，带动机组进行工作。

(5)倒置下保护器，作用是对电机进行保护，同时承担泵和电机间中心轴的连接和动力传递。

(6)倒置吸入口，倒置吸入口是倒置泵的水源入口。

(7)倒置泵，是实现增压注水功能的关键设备，水源水经倒置泵吸入口进入泵内，经其增压后从泵排出口排到下面的油管中，进而注到封隔器以下的注水层中。

(8)泵排出口，其作用是高压注水液的排出口和下部管柱的连接。

(9)井下安全阀，根据海上装置安全要求和防止高压井液在停机时向倒置潜油电机倒灌，造成对电机的损坏，设计安装该井下安全阀。

(10)插入定位密封及能承下压封隔器，主要作用是将水源水和增压水分离开，并使增压水得以顺利地注入注水层，并与井下安全阀构成对井下安全的控制。对所使用封隔器的要求是密封性能好，能承受 35MPa 的下压差，该封隔器座封深度约为 220m。

2. 现场应用

根据倒置式电潜泵井下增压注水工艺并结合生产实际，笔者选择 WZ12-1-B15 井作为第一个现场实验井。该井原注水量为 330m³/d，地面井口注入压力为 14MPa，区块累计注采比为 0.25，地层亏空严重，井况符合上述工艺的要求。

1)电潜泵机组的选型

倒置式电潜泵机组的选型，需要根据注水井的井况和地层资料来进行选择。

(1)扬程的计算。扬程＝设计注水压力(21MPa)－常规注水压力(14MPa)＝7MPa。

(2)泵排量＝预计注水量＝1000m³/d。

(3)该井在井口以下约 200m 深处下入电泵机组，选择常温机组。

(4)根据注水井的套管尺寸选择 138(540)系列机组。

(5)根据 WZ12-1-B15 井的井况和注入水的水质状况，注入水虽经一定的水质处理，但仍有一定的腐蚀性，因此，采用防腐电泵机组。

(6)泵的选择。从泵的特性曲线上查出单级的扬程，根据所要求的注水量和套管的尺寸选择了 130 系列的泵，则泵的级数＝设计泵的扬程(750m)/泵的单级扬程(6.25m)＝122 级。

(7)电机功率的计算。根据设计扬程、注入水的密度、注入量的大小及所选泵的尺寸，计算电机的功率。电机的功率＝122(级数)×1.31(泵每级功率)×1.025(注入水密度) ≈ 160kW。考虑其他因素的影响，建议选择比计算功率大一点的电机：即 168kW。选择 138 系列的电机两节，其额定电压为 2400V，额定电流为 58A。

(8)电缆的选择。选择电缆时，必须采用实践的方法。如果电机的电流已接近导线的最大载流能力，则应更换大规格导线电缆。这样既可以对大负荷的电机提供安全保证，又可以降低电力成本，延长电缆寿命。电缆的载流能力通常是确定导线规格的主要依据，另外，电压降也是必须考虑的一个因素。根据本增压注水电泵机组电机的额定电流（58A），选择了4#电缆作为动力传输电缆。

(9)变压器的选择。选择变压器时要考虑它的容量和电流，初级和次级抽头电压可变范围；一般要求电泵机组的铭牌电压在可变变压器的中间档位。

根据上述要求，配制出电潜泵机组：倒置式电潜泵 138 系列电机、130 系列泵、130 系列保护器、130 系列吸入口四大件及 4#引接电缆及辅助配件，具体配制为：电机补偿器一节，上端为 $\Phi114.3mm$ EUE 油管扣（母扣），下端为电机头；电机为 YQY138 加强型（防腐）两节，电机的功率 168kW，电压 2400V，电流 58A；倒置保护器两节；倒置吸入口一个；倒置泵排量 1000m³/d，扬程为 750m，用 Q900 倒置全压紧型，122 级，防腐，配置为三节；倒置泵排出口一个，为 $\Phi88.9mm$ EUE 油管扣；引接电缆一条，4#扁电缆，耐温 120℃，6kV 级，不锈钢铠皮，长度为 21m；其他配套部件，一次性下井配件和更换件、电机油、全套电缆连接材料、电缆保护罩等；考虑水质的问题，机组四大部件全部进行防腐处理。

2)现场施工

WZ12-1-B15 井于 2004 年 9 月 29 日开始施工，并于 10 月 4 日安装完工，10 月 9 日正常开机增压注水。在 50Hz 下，机组运转电压 2386V，电流 50A，日注水量 1100m³/d，机组运转正常，截止 2005 年 7 月 25 日已运行 286d。较增压注水前，平均日增注水量 780m³，累计增注量为 20×10⁴m³。现在该区块的累积注采比由实施增压注水前的 0.25 提高到 0.89，基本满足了注采要求，井下电潜泵增压注水确保了油层压力，按注采比 2∶1 计算，该研究成果使油田增加产油量 435m³/d。达到了预定的效果，取得了可观的经济效益。

在 WZ12-1-B15 井应用该技术取得成功基础上，通过选井，在 WZ12-1-B13 井和 WZ12-1-B5 井两口井中也采取该技术并取得成功，使这两口井的注水量分别由原来的 200m³/d、100m³/d 增加至 300m³/d、200m³/d。该技术的应用使得涠洲 12-1N 油田注水达到了注采要求，大大提高了该油田的采收率。

3. 结论

倒置式电潜泵井下增压注水工艺技术在涠洲 12-1N 油田的应用成功，说明该项工艺措施达到了现场推广应用的水平。倒置式电潜泵井下增压工艺技术将有着非常广阔的应用前景。倒置式电潜泵井下增压注水工艺的实验成功，填补了我国海上油田井下电潜泵增压注水的空白。

5.5 油井堵水增油技术

油井大量出水是油田开发过程中尤其是中后期普遍存在的问题。油井堵水是控水稳油的重要措施之一，不仅能增加油井产量，而且还能减少污水的处理和排放量，达到节能减排的目的。在北部湾地区根据地质油藏情况、油井完井特点及平台作业条件，成功研究并应用了多项堵水工艺技术。

5.5.1　化学和机械联合堵水技术

对涠洲 11-4 底水油藏油田采用砾石充填完井的油井应用了化学与机械联合的堵水技术。即将带封隔器的堵水管柱下入设计的堵水位置(图 5-7)，从环空注入暂堵剂保护上部油层，从油管注入不同强度的隔板液在地层形成化学隔板，控制底水锥进，起到化学堵水作用，施工后堵水管柱脱手留在井下，起到机械堵水的作用。

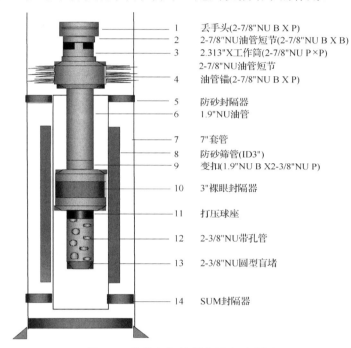

1	丢手头(2-7/8"NU B X P)
2	2-7/8"NU油管短节(2-7/8"NU B X B)
3	2.313"X工作筒(2-7/8"NU P×P)
	2-7/8"NU油管短节
4	油管锚(2-7/8"NU B X P)
5	防砂封隔器
6	1.9"NU油管
7	7"套管
8	防砂筛管(ID3")
9	变扣(1.9"NU B X2-3/8"NU P)
10	3"裸眼封隔器
11	打压球座
12	2-3/8"NU带孔管
13	2-3/8"NU圆型盲堵
14	SUM封隔器

图 5-7　化学与机械联合堵水示意图

2-7/8"NUBXP 表示 NU 扣的 2-7/8"油管，上端是母扣，下端是公扣

由于 WZ11-4-A15 井进行 RPM(储层性能监测)生产测井，油水界面清楚，可以确定堵水位置；且该井油层为复合韵律沉积，上部为反韵律沉积，下部为正韵律沉积，中间有 4.6m 相对低渗层(低渗层的存在，堵水后可减缓含水上升速度，延长堵水有效期)，2004 年 12 月选择对该井实施了化学与机械联合堵水。堵水后(电泵排量为 150m³/d)日产液 162m³，日产油 54.5m³，含水 66.4％，较堵水前(电泵排量为 300m³/d)产液量降低 231m³/d，产油量增加 21.5m³/d，含水降低 25％。堵水增油有效期约 4 个月，降水有效期长达 1 年。

5.5.2　选择性化学堵水技术

对于涠洲 11-4 油田东区 C 平台采用裸眼筛管完井、电泵生产的水平井，由于平台为简易井口平台，无任何修井作业能力，应用了选择性堵水技术。即以拖轮作为支持船，在不动管柱的情况下从油套环空注入水基冻胶堵剂，利用水基冻胶堵剂对水的封堵率高而对油的封堵率低，以及地层渗透率和相渗透率的差异产生的选择性开展堵水。

2002 年 12 月对 WZ11-4-C4 井实施选择性堵水。该井由于油层薄，水平段距油水界面近；油层与底水之间无低渗隔层，油层内部均质性差；采油速度高，产液强度大等原因造成完全水淹。实施后该井含水由堵水前的 100％下降到 91％，初期产油量增加 20m³/d，累计增油 2.34×10⁴m³。

5.5.3 裸眼双封机械堵水技术

对涠洲 10-3N 石炭系碳酸盐岩古潜山油田裸眼完井的水平井，在根据钻井、地质等资料初步判断出水层位的基础上，应用裸眼双封机械堵水技术。即下入带双裸眼封隔器的堵水管柱封堵出水层段(图 5-8)，上裸眼封隔器上部下一滑套，下裸眼封隔器下部下一工作筒。若封堵段上部或下部仍有高含水段，则关上滑套或在工作筒中下入堵头可以分别判断封堵段下部和上部的产出情况并封堵。

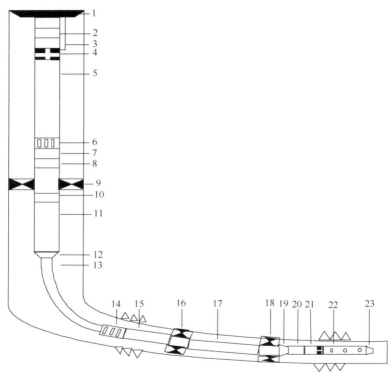

图 5-8　裸眼双封堵水管柱示意图

1. 3-1/2″ EUE 油管挂；2. 3-1/2″EUE9.3#J55 油管；3. 1/4″ 0.049 OTIS 液控管线；4. OTIS 2.81″井下安全阀 3-1/2″ EUE B × P；5. 3-1/2″EUE9.3#J55 油管；6. OTIS 2.81″滑套；7. 油管短节 3-1/2″EUE9.3#J55；8. 变扣 3-1/2″EU B × 3-1/2″VAMP；9. BAKER 9-5/8″ FHL 单管封隔器 3-1/2″ VAM B × P；10. 变扣 3-1/2″ VAM B × 3-1/2″ EUE P；11. 3-1/2″EUE9.3#J55 油管；12. 变扣 3-1/2″EUEB × 2-7/8″EUEP；13. 2-7/8″ EUE 6.5# J55 油管；14. OTIS2.313″滑套 2-7/8″EUEB × P；15. 2-7/8″EUE6.5#J55 油管；16. BAKER7-7/8″ 封隔器 2-7/8″ EUE 6.5#；17. 2-7/8″ EUE 6.5# J55 油管；18. BAKER7-7/8″ 封隔器 2-7/8″ EUE 6.5#；19. 变扣 2-7/8″ EUE B × 2-3/8″ NU P；20. 短节 2-3/8″ NU；21. OTIS 1.875″ XN 工作筒；22. 带孔管 2-3/8″ NU B × P；23. 引鞋

1996 年 10 月对 WZ10-3N-6 井应用了裸眼双封机械封堵技术。WZ10-3N-6 井储层性质以裂缝型为主,钻井放空井段长达 22m 且带有严重漏失现象。结合钻井、地质等资料初步分析认为该井出水段主要为放空达 13m(2130~2143m)的大裂缝、溶洞段。采用裸眼双封机械堵水技术封堵后,油井含水由 60％下降到 1％,产油从 60m³/d 升高到 188m³/d。

5.6　北部湾油田气举工艺技术

随着科学技术的发展,各种先进的采油工艺日新月异,怎样以最少的投入获取最大的收益是各个石油公司研究和追求的重点课题与方向。随着北部湾盆地的进一步开发,油田伴生气越来越多,如何利用现有气源进行油井的举升,达到提高采收率的目的。在 25 年来的探索与实践中,逐渐形成了适合于北部湾盆地气举工艺技术系列。

5.6.1　井下固定油嘴气举技术在双油管油井中的应用

WZ10-3-7C 井是涠洲 10-3 油田南段块中的一口生产井,于 1991 年 6 月投产,该井射开层段为 2585~2726m,采用双管完井技术,分采流三段 II、流三段 III 油组。

由于涠洲 10-3 油田早期采用天然气溶解气驱开采,且开发井网布局不合理,油藏能量消耗严重。该井投产后,由于没有外来能量补充,油层压力不断下降,进入溶解气驱晚期生产,气化现象加剧。短管在生产半年后,由于油气比高达 1500m³/m³ 以上而被迫停产;长管原则上采取关井保护,但时有进行间歇生产,地层压力继续下降,产量下降严重。为补充油层能量,恢复油井正常生产,1995 年油田南块进行调整,在南块打注水井 3 口采油井 2 口,形成较为合理的开发井网。WZ10-3-7C 井从溶解气驱晚期转为注水开发。

注水井正常注水后,WZ10-3-7C 井长管恢复生产,但由于油井在溶解气驱晚期才进行注水开发,注水效果不理想,油井见水快,WZ10-3-7C 井在 WZ10-3-21 井转注才 19 天即见水,且含水上升很快,开井生产两个月后含水上升到 20％。该井于 1996 年 7 月因台风关井后,再也未能恢复自喷生产。因此,在不进行井下作业的条件下,采用何种工艺技术使 WZ10-3-7C 井恢复生产提到了议事日程。

1.　井下固定油嘴气举技术的确定

由于 WZ10-3-7C 井处于特定的环境——涠洲 10-3A 平台,未配备修井设备,难以进行修井作业改自喷生产为电潜泵采油。因此,要恢复该井的生产,只要从现有的完井管柱上考虑,长短管混采,或用高压气源气举是恢复该井生产的有效办法。

针对该井的现状,经过详细研究、分析,提出以下两个方案。

(1)钢丝作业,打开 2.75″滑套,使 WZ10-3-7C 井长管与短管连通,利用短管的气(流三段 II 油组)举升长管进行生产,流三段 II、流三段 III 两个油组混采,该办法的最大缺陷是举升用气量无法进行控制。

(2)打开 2.75″滑套,后在滑套上座上用分离套改制而成的井下固定气嘴,气嘴可进行调整,以调整用气量。如短管压力能举动长管内的液柱,就用短管气举;如短管压力不够，则可利用涠洲 10-3 油田现有的高压气源井进行气举升生产。该方法的优点是无论 WZ10-3-7C 井短管的压力是否足够，都可实现 WZ10-3-7C 井气举生产；其技术难点是怎样用分离套加工出固定气嘴，且又能可调。

针对以上两种方案，首先进行第一种方案的现场实验。1996 年 9 月初，通过钢丝作业，WZ10-3-7C 井长管上与短管连通的 2.75″ 滑套被打开，油井通过短管的气举长管成功，WZ10-3-7C 井长、短管混合生产，但产量不理想。该井在混采的情况下，每天产液量仅 80m³ 左右，而气液比却高达 1000m³/m³ 以上。显然，用该方法使 WZ10-3-7C 井长管恢复生产，将浪费大量的天然气，使地层亏空越来越严重，是一种极不合理的生产制度。

经过第一种方案的现场实验，结合现有的技术力量，最后一致认为用井下固井气嘴的方法使该井恢复生产应更为科学可行，关键是固定气嘴的设计、加工。

2. 井下固定气嘴的设计、加工

由于固定气嘴将座入滑套，用与滑套配合使用的分离套进行改制是最佳选择。分离套是贝克公司专门设计生产的，用于滑套失灵时使用的一种井下工具，常规的钢丝作业可进行该工具的座、捞工作。这样可保证固定油嘴与滑套的匹配。只需在分离套上按设计的气嘴数量、分布加工出气嘴座，再将加工好的气嘴装在气嘴座上，井下固定气嘴便可下井使用。

气嘴的大小、分布直接影响到气举的成败及生产制度的合理程度。经认真研究，仔细分析 WZ10-3-7C 井长管的现状，认为在分离套上加工 8 个 8mm 的螺丝孔(气嘴座)，并呈 S 形分布，然后加工一定数量的各种规格的气嘴用于调整气举的气量即可。

按照上述方案，在分离套上加工呈 S 形分布的 8 个气嘴座，同时加工用以调节气量的堵头及各种规格的气嘴 36 个，以满足现场施工的需要。

3. 现场应用

现场在实施方案时，在钢丝作业打开 WZ10-3-7C 井长管上用以连通短管的 2.75″ 滑套后，在气嘴座上装上四个 2mm，四个 1mm 的固定气嘴，然后将其经钢丝作业座于滑套中。开井生产后，由于井下固定气嘴太小，通过的气量不够，未能举通长管，需调节气嘴。

再次进行钢丝作业，取出井下固定气嘴，把气嘴调整为一个 1mm，七个 4mm 以增加举升气量。将其座于滑套上后，用 WZ10-3-8 井作气源，通过 WZ10-3-7C 井短管进行气举长管获得成功。目前 WZ10-3-7C 井长管气举生产正常，产油量由原来的 70m³/d 上升到 140m³/d，气液比仅 350m³/m³ 左右。到 1997 年 3 月底，该井含水上升到 50%，产油量仍保持在 110m³/d 左右，气液比稳定在 350m³/m³ 左右。

WZ10-3-7C 井长管通过使用井下固定气嘴恢复生产，施工工艺简单可行，工程费用投入不大。整个工程除必要的劳务费外，不需增加任何投资，所需工具是利用现有材料改造而成。该井从恢复生产到 1997 年 3 月底，已累计产油已高达 1000m³，其经济效益和社会效益甚佳。值得在类似情况下的停喷油中推广应用。

4. 结论

通过井下固定气嘴在 WZ10-3-7C 井长管的成功应用，有以下几点体会。

(1)在无法进行常规修井的涠洲 10-3 油田 A 平台，可通过此种方法使部分油井恢复生产，从而提高油田的采收率。

(2)此项技术实施方便，座、捞作业与普通钢丝作业一样，不需要特殊的技术。

(3)工艺制作简单，仅需在现有的分离套上加工出必要的气嘴孔座，再配上相应的气嘴即可。

(4)工作制度合理，用少量的气源可采出较多的原油，是双管完井油井，特别是类似涠洲 10-3 油田长、短管产气，长管喷不起来，又无条件改电潜泵生产的井，应首先该采油技术。

(5)此项技术存在的唯一不足是作业难以一步到位，需进行数次实验调整气量，待其合适后才能正常生产。

5.6.2　半闭式气举工艺技术

涠洲 11-4D 油田(原涠洲 10-3 油田)是由一座无人井口平台依托于自强号来进行生产的油田。其没有配备修井机，吊机能力 2t，不具备修井等动管作业条件，只能进行一些常规的井下钢丝作业。为了进步开发该油田，2006 年利用钻井船钻了 3 口调整井，而地质油藏认为所钻调整井初期具备一定的自喷能力，而后期需要进行人工举升，若下入电潜泵开采势必要进行检泵等动管柱作业，结合该平台的客观现实认为采取气举工艺技术是新钻调整井举升工艺的最佳选择，通过分析，选择了半闭式气举工艺技术。

半闭式气举工艺原理：气举是借助外来高压气源，通过向井筒内注入高压气体的方法降低井内注气点至地面的液体密度，使井底压力下降，在井底形成足够的生产压差，使被举升井连续或间歇生产的机械采油工艺。

半闭式气举工艺特点：气举阀上都带有单流阀，因此，液体不会离开油管进入油套环空；封隔器能阻止油管下部的液体进入油套环空；无论连续气举还是间歇气举，封隔器均可防止套管中的气体压力直接作用于产层；高压气进入油管后可作用于产层。

1. 气举设计

1)排液方式
柴油替喷/关井放喷/高压气源气举；若卸载困难，应根据需要实施混排。
2)启动方式
初期卸载时放空。
3)设计参数
(1)启动压力：7MPa；工作压力：6.5～7.0MPa。
(2)注气量：$0.8 \times 10^4 \mathrm{m}^3/\mathrm{d}$。
(3)井口油压：0.5MPa(卸载)～1.5MPa(生产)。
(4)排液量：278m^3/d。

(5)压井液密度：1.03g/cm³。

4)气举阀设计参数

具体设计参数如表 5-6 所示。

表 5-6　设计参数表气举

阀序号	阀深度(MD)/m	阀深度(TVD)/m	阀孔径/mm	阀深度处温度/℃	设计打开压力/MPa
1	671.9	669.2	3.2	85	7
2	1117	1084.3	3.2	90.3	6.86
3	1462.6	1406.1	3.2	94.2	6.72
4	1729.4	1654.5	4.8	96.8	6.7

5)气举阀调试

(1)严格按照气举阀调试操作规程进行调试。

(2)恒温水浴箱温度必须控制在 15.6℃±0.1℃。

(3)准备 8 只阀进行调试，完成后根据设计报告优选出符合设计的 4 只气举阀；若存在异常状况，需重新调试气举阀，直到达到设计要求为止。

6)气举注意事项

(1)气举设计和施工严格按照 SY/T6124—1995《气举排水采气推荐作法》进行操作。

(2)气举施工时气举阀的下入深度与设计参数误差不超过±5m。

(3)气举日排液量 15～144m³/d。

(4)校正、校准各种记录仪表。

(5)气举前对注气管线试水压 3500psi×10min 为合格。

(6)施工过程中应准确记录有关现场实验数据，特别是环空液面、井口压力、注气量、排液量、产气量及压力恢复等资料，便于分析和指导下一步工作。

(7)气举中若出现异常现象应认真分析，及时排除故障，认真摸索气举最佳工作制度（研究油、套压、注气量、产气量、产液量、气液比的变化关系，按最佳工作制度生产）。

录全、录准有关现场实验数据，特别是环空液面、井口压力、注气量、产气量、产水量及井口温度的变化等资料，便于分析。

7)现场气举调试(WZ12-1-A2 井)

启动前 WZ12-1-A2 井为满井筒液体，环孔开始注气后，各级阀处于开启状态，油管开始排液。将环孔压力缓慢升到 7MPa 后通过节流阀控制压力使之恒定。约 90min 后，第 1 级阀露出液面后，此时套管进气嘴为 3in/16in，地面套管压力降至 6.9MPa，因此判断第 1 级阀打开并开始向油管注气，气、液混相后降低液体密度，形成负压，气、液被举升至地面。

此时环空继续排液，约 2h 后，第 2 级阀露出液面，此时套管进气嘴约为 1/8，第 2 级阀地面打开压力比第 1 级阀低 0.3MPa，从地面看套管压力降到 6.65MPa，因此判断第 2 级阀打开并开始向油管注气，此时套管压力低于第 1 级阀关闭压力，第 1 级阀关闭，气、液在第 2 级阀以上混相后降低液体密度，形成负压，气、液被举升至地面。

此时环空继续排液，约 2.5h 后，第 3 级阀露出液面，此时套管进气嘴约 1/16，第 3

级阀地面打开压力比第 2 级阀低 0.2MPa,从地面看套管压力降到 6.45MPa,因此判断第 3 级阀打开并开始向油管注气,此时套管压力低于第 1、2 级阀关闭压力,第 1、2 级阀关闭,气、液在第 3 级阀以上混相后降低液体密度,形成负压,气、液被举升至地面。

此时环空继续排液,约 2.5h 后,第 4 级阀露出液面,此时套管进气嘴约 1/16,第 4 级阀地面打开压力比第 3 级阀低 0.2MPa,从地面看套管压力降到 6.25MPa,因此,判断第 4 级阀打开并开始向油管注气,此时套管压力低于第 1、2、3 级阀关闭压力,第 1、2、3 级阀关闭,气、液在第 4 级阀以上混相后降低液体密度,形成负压,气、液被举升至地面。

气举排液循环过程依次进行。直到开井约 15h 后,第 6 级阀开始工作,其余 5 级阀关闭,油管内仍然为出水现象,此时地面注气压力为 5.8MPa,稳定出液量(水)约为 5m^3/h,经过 40h 举升后仍无原油举出。从排液情况和地面打开压力看,注气点距地面斜深 2940.1m(垂深 1742.8m),气举举升正常,气举工艺达到预期效果。

2. 气举效果分析

根据以上设计结果,气举效果如表 5-7 所示。

表 5-7　气举效果表

井号	日产油/m^3	单井累计采油/m^3
WZ11-4D-A1	140	3707
WZ11-4D-A2	50	1300
WZ11-4D-A3	110	2878
合计	300	7885

5.6.3　非常规气举工艺技术

涠洲 12-1 油田由于油藏地质非常复杂,油井之间的产液量、气油比(GOR)、水油比(WOR)、地层压力差别非常大。随着油田的开发生产,部分油井已经无法自喷生产只能机械采油,但由于地层供液严重不足,有些油井的产液量一天只有 10 多立方米甚至几立六米,无法满足电潜泵生产要求,对油井的生产管理带来了新的挑战。如何提高原油采收率,延长油井的生产时效是油田面临的一个难题。涠洲 12-1 油田结合自己的实际情况,充分利用油田自身的有限资源对这些低产井进行非常规气举生产。通过非常规气举采油这种方法成功解决部分低产井无法生产的问题,同时也为油田增加将近 100m^3/d 的原油产量,取得非常好的经济效益。

常规气举一般都通过配套的气举生产管柱、气举阀及气源控制装置来实现。所谓非常规气举生产,就是保留现有的电潜泵生产管柱,利用高压气体把井筒里的油举升到地面。非常规气举采油与常规的气举相比就是无需要更换管柱,地面控制设备简单,操作成本较低且不占用平台空间。

1. 非常规气举采油机理

气举采油是基于 U 形管的原理，从油管与套管的环形空间将天然气连续不断地注入油管内，使油管内的液体与注入的高压天然气混合，降低液柱的密度，减少液柱对井底的回压，同时利用注入气体的能量转移把井筒内的液体举升到地面。

常规气举主要通过配套的气举生产管柱、气举阀及气源控制装置来实现。常规气举通过地面控制装置和注气管线把气源注入套管内，通过地面控制装置来调节注入压力，当油管与套管的压差大于气举阀的打开压力后，气举阀自动打开注入气通过气举阀把气举阀上游的液体举升到地面。

非常规气举是指在不改变原有的电潜泵或自喷生产井的井身结构情况下，往套管注入高压气体，在注入气体的挤压下井筒内的液体经油管堵头或电泵的吸入口沿油管流出地面。非常规气举主要由井口回压、套管压力、井底流压、动液面，液体的密度等因素决定。

2. 现场应用

涠洲 12-1 油田对涠洲 12-1A 平台的 WZ12-1-A4 井、WZ12-1-A6 井和 B 平台的 WZ12-1-B12 井、WZ12-1-B9 井、WZ12-1-B2 井、WZ12-1B7 井进行了非常规气举采油，部分油井气举取得较好的效果，如 WZ12-1-A4 井、WZ12-1-B21 井及 WZ12-1-B9 井气举后产油量明显增多。下面以 WZ12-1-A4 井为例作介绍。

WZ12-1-A4 井为电潜泵井，下泵深 1566m，排量 150m³/h，扬程 1500m。在气举前由于供液不足采用间歇泵抽的方式进行生产，间歇泵抽期间平均每天产油 40m³ 左右，气油比大约为 80，在停泵恢复井筒压力过程泵吸入口压力最高可达 12.0MPa，井口回压 1.60MPa，平均压力梯度 G=6.6kPa/m。气举后产油逐渐升高，每天产油最高可达 73m³，GOR 在 400 左右。WZ12-1-A4 井注气压力控制在 6.00MPa，井口回压 4.0MPa，泵吸入口压力 9.8MPa，稳定后井口温度为 45℃。经测算动液面至井口的平均压力梯度 G=3.7kPa/m，气举后井筒液柱平均压力梯度明显降低，井筒主要以连续流为主。

WZ12-1-A4 井气举主要靠改变井筒液柱的压力梯度及利用气体的能量转移来达到连续气举的目的。此类气举适合于低含水、高气油比和气溶比较好的井。对于此类油井关键在于控制好注气压力和井口回压，如果注气压力太高，气流速度过快，段塞流现象就较严重，甚至还可能会出现滑脱降低气举效率。气举压力过大不仅影响到井筒液体的流态，而且对油藏的渗流也产生影响。注气压力增大会导致井底流压增大，井底流压增大地层出来的液量就会减少，甚至还会出现气液回注现象。WZ12-1-A4 井在刚开始气举时曾把注气压力调高 12MPa，在该压力下很快就油套压平衡，井口取样全是气体，后把注气压力降低到 8.0MPa 开始出现段塞流，降低到 6.0MPa 后形成连续流，在该压力条件下产液量最大。因此，只有把气举压力控制在一定的范围内才能达到最好的效果。类似于 WZ12-1-A4 井这种情况的非常规气举井有 WZ12-1-B9 井、WZ12-1-B21 井、WZ12-1-B12 井和 WZ12-1-B2 井。

非常规气举对高气油比，低含水的井气举效果很好，但对低气油比，高含水的井气举效果就没那么理想。例如，由于 WZ12-1-A6 井和 WZ12-1-B7 井含水太高(含水达 99%)、黏度小，液体与管壁的相对动摩擦力阻力较小，加上水溶解气体能力较弱，气举过程滑脱现象非常严重，基本上没办法形成段塞流或连续流。所以这两口气举井的产液量非常低且出来的基本上全是气。

至 2008 年 4 月 30 日，通过非常规气举技术增加的产量约为 21964 桶。

3. 结论

非常规气举成本低、地面控制简单，非常适用于海上油田低产井特别是无法满足电潜泵生产的井。气举的适应范围非常广，适用于产量为几立方米到几百立方米的油井，但需要有高压气源作为基础。对于高气油比，低含水的油井主要是通过降低液柱的平均压力梯度及利用注入气体的能量转移来达到气举目的。

第6章 复杂断块油藏开发技术

复杂断块油气藏是由多种级别断层控制的复杂断裂系统所产生的众多相互独立的断块组成的油藏，每个断块是独立的开发单元。含油面积小于 1km² 的断块油藏的石油地质储量占总量的 1/2 以上的断块油田，称为复杂断块油田(王顺华，2009；陈卓和刘跃杰，2016)。复杂断块油气藏的特点是：断层多、断块小，储层变化大，非均质性强，含油层系多、主次含油层系突出、不同断块含油层系分布与储量丰度差异大，油水界面不统一(汪立军和孙玉峰，2006；杨菊兰等，2008；江艳平等，2013)。根据实用性和简明性可将复杂断块油气藏分为断块油气藏和混合油气藏(杨瑜贵等，2003)。

近年来，中海油湛江分公司采用引进、集成、应用、创新的技术发展策略，依靠社会力量、紧密结合生产，开展实用配套技术研究。并通过科技攻关形成一批支撑北部湾盆地油气开发的关键技术，坚持科研与生产相结合，加强科研成果产业化，取得良好的效果，有效促进了油田高效开发。

6.1 海上低渗油藏开发技术

与陆上油田相比，海上低渗油田开发成本高、风险大。北部湾盆地涠西南凹陷低渗透油藏主要分布在流沙港组流三段和流一段，具有规模小、丰度低、产能低、压力系统复杂等特点。低渗透油藏开发技术主要有：储层特征研究技术、水力压裂技术、酸化解堵技术、开发水平井的技术、高效射孔、利用天然能量开发技术和深抽技术等(卞晓冰等，2011；曾祥林等，2011；隽大帅等，2012)。

6.1.1 海上低渗油藏的界定

按目前的经济技术条件，陆上油田将低渗油藏严格限定在储层渗透率小于 50mD 的油藏。但其含义是当开发储层渗透率小于 50mD 的油藏时，就应当将由于储层低渗所导致的开发风险在开发中作为重要因素加以考虑。因此，不应将小于 50mD 认定为一个固定不变的门限值，它会随着经济、技术条件的变化而变化。对于海上油田，由于开发投资大且操作成本高，因储层低渗引起的开发风险大，直接延用陆上同行的标准是不合适的。此处讨论的海上低渗透油藏泛指因储层低渗导致的开发风险，我们在开发动用这些储量时必须加以特殊考虑的油藏。这类油层大体包括 3 种情况：①储层平均渗透率小于 100mD 的低渗油层；②由于储层平面非均质，在井点附近形成低渗透遮挡无法正常得到地层能量补充的油藏；③储层分选差和颗粒成熟度低，杂基含量高，渗透率较低而测井难于识别的油藏。

6.1.2　地质特征

北部湾盆地涠西南凹陷低渗透油藏主要分布在流沙港组流三段和流一段，储层总体以低孔、低渗特征为主，储层规模不大，丰度低。

1. 区域分布特征

平面上，北部湾盆地涠西南凹陷低渗透油田广泛分布于 1 号陡坡带、2 号断裂带和南部缓坡带。从层位上看，低渗透油藏主要分布在流沙港组流三段和流一段。其中，流三段低渗油藏主要分布于南部斜坡带涠洲 11-7 油田、2 号断裂带涠洲 11-2 油田、涠洲 6-3 油田及 1 号断裂带涠洲 10-3 油田中块西区和北块等；流一段低渗油藏包括涠洲 11-7 油田 WZ11-4N-3 井区、涠洲 11-1 油田 Wan9 井区、涠洲 6-8 油田及涠洲 6-9 油田、涠洲 12-1 油田南块、1 号断裂带涠洲 11-1N 油田 WZ11-1N-3 井区等区块。

2. 储层特征

除涠洲 10-3 油田、涠洲 11-1 油田的部分区块外，区域上流三段总体以低孔、低渗（特低渗）储层为主，占总井数的 70% 以上，广泛分布于 3 号断裂带涠洲 11-7 油田、2 号断裂带的涠洲 11-2 油田、涠洲 6-3 油田、涠洲 11-1 油田（部分）及 1 号断裂带涠洲 10-3 油田的北块、中块西区。孔隙度范围为 2.5%～17.6%，平均孔隙度为 11.2%，渗透率分布范围为 1～138mD，平均渗透率为 34.5mD。

流一段储层物性非均质性强，既有中高孔、中高渗储层，也有低孔特低孔、低渗特低渗储层。2 号断裂带东涠洲 6-8 及涠洲 6-9 油田、涠洲 12-1 油田南块流一段整体为低孔、低渗储层，而 3 号断裂带涠洲 11-7 油田、1 号断裂带涠洲 11-1N 油田流一段只是部分为低孔、低渗储层。孔隙度呈单峰分布，渗透率呈多峰分布。纵向上东区（涠洲 6-8 及涠洲 6-9 油田）在 2700m 以下孔隙演化到低孔（15% 以下）带，西区（涠洲 11-7 油田 WZ11-7-1、WZ11-7-2 井区）2500m 开始已处于低孔带。

3. 地质储量：规模小、丰度低

据不完全统计，涠西南凹陷低渗透油田探明地质储量约为 $3204\times10^4\text{m}^3$，三级地质储量约为 $8242\times10^4\text{m}^3$，占已发现探明地质储量的 26%，而且随着勘探的进程，所占比例越来越大。

低渗透油田一般规模较小，丰度较低，如储量规模最大的涠洲 11-7 油田也仅为中等储量规模，属中型油藏，储量丰度低（$23.3\times10^4\text{m}^3/\text{km}^2$）。

6.1.3　油藏特征

受涠西南凹陷低凸起的影响，区域上存在两套温度系统。而由于岩性及地质构造等作用，该区域压力系统复杂，原油在平面上南北性质有差异，产能较低。通过系列渗流实验，对储层的渗流特征进行分析研究。

1. 温压特征

涠西南凹陷均为正常温度系统，但在区域上存在两套温度系统，受涠西南凹陷低凸起的影响，涠洲 11-7 油田和涠洲 12-8 油田油藏温度偏高，地温梯度为 4.33℃/100m，其他油田基本是一个统一的温度系统，油藏地温梯度为 3.44℃/100m。

受岩性和断层等作用的影响，涠西南凹陷的压力系统较复杂。涠洲组为正常压力系统，压力系数为 1.008～1.026。流一段除涠洲 11-7 油田 WZ11-4N-2、WZ11-4N-3、WZ11-4N-6 井区表现出异常高压特征(压力系数 1.28～1.39)之外，其他的均为正常压力系统，压力系数为 1.02～1.13，其中表现出偏高压特征的有涠洲 6-8 油田中块和涠洲 11-7 油田 WZ11-7-1 和 WZ11-7-4 井区。流三段压力系数为 1.03～1.60，大部分表现出异常高压或偏高压特征。

2. 流体性质

涠西南凹陷原油性质(如原油密度、含蜡量、黏度等)平面上表现为北高南低的特征，纵向上表现为由浅到深逐渐变好的趋势。虽然各个油田的原油性质存在一定的差异，但是总体上都具有以下几个特征：①凝固点高(30～40℃)，近似为高凝油的特征；②含蜡量高(9.23%～28.57%)；③含硫量低(0.08%～0.50%)；④地层原油黏度低(0.21～4.18mPa·s)；⑤地下原油密度中偏低(0.63～0.83g/cm³)。

3. 产能特征

涠西南凹陷低渗油藏产能特征低，比采油指数一般为 0.01～1m³/(d·MPa·m)，其中低于 0.1m³/(d·MPa·m) 占 10.8%，指数为 0.1～0.5m³/(d·MPa·m) 的占 56.8%，大于 0.5m³/(d·MPa·m) 的占 32.4%。

4. 渗流特征

使用 WZ12-1-2 井涠四段储层岩心，通过单相油、水驱油、气驱油的渗流实验，研究储层的渗流特征，分析其影响因素。

1) 单相油渗流实验

单相油渗流曲线在低速段表现出了非线性渗流特征，临界速度为 2.72m/d、临界压力梯度为 0.04MPa/cm；用拟合方程所计算的启动压力梯度平均为 0.00146MPa/cm，说明涠洲地区地下原油低速低压渗流时存在非线性渗流规律，但非线性渗流特征不明显，单相油在储层中的流动能力较好。

2) 水驱油渗流实验

水驱油特征实验中，随着注水孔隙体积倍数的增加，水驱效率在 1.4PV(PV 表示孔隙体积倍数)左右出现拐点，对应的驱油效率为 30%~45%；随着含水饱和度的增加，油相渗透率急剧下降，而水相渗透率上升缓慢，等渗点时的油水相对渗透率较低，储层水锁伤害可能比较严重；油水两相流动区窄，油井见水后含水速度上升可能较快，水驱过程接近活塞驱；可以考虑用适当的减小注入压力和加入润湿反转剂来增加水驱效率。

3）气驱油渗流实验

气驱油特征实验中，随着注气孔隙体积倍数的增加，气驱效率在 1PV 左右出现拐点，此时驱油效率为 20%左右；随着含油饱和度的降低，油相渗透率下降迅速，气相渗透率上升缓慢，等渗点油气的相对渗透率平均为 0.147，油气毛管力的作用相对水驱时要弱；两相区较窄，气相流动能力相对较差；最终驱油效率平均为 36.5%，气驱油也可达到较高的驱油效率，但气驱油更容易突破。

6.1.4　开发技术

通过对储层进行以储层非均质性研究为重点的储层评价和产能评价，并选择合适的提高油井产能的技术：水平井技术、压裂技术、酸化技术等，对低渗油藏进行开发。

1. 油藏评价技术

储层评价技术：主要包括储层沉积相分析与有利储集相带预测、成岩作用研究、储层孔隙结构分析、核磁测井可动流体研究、储层敏感性分析与储层保护评价、储层非均质性研究等。

对开发影响最大的是储层非均质性研究。受沉积环境、成岩作用及构造作用的影响，流沙港组低渗透储层表现出严重的非均质性：储层物性平面变化较大，层间、层内非均质性较强，渗透率相差数倍、数十倍。

低渗储层非均质性评价一般通过渗透率变异系数、渗透率突进系数、渗透率级差、非均质系数等参数来评价；并描述储层中隔夹层分布；如果低渗透储层中构造裂缝较发育，要开展地应力研究、构造裂缝的识别和预测。

产能评价：根据岩心气测渗透率（39mD，泄油半径取 300m），用达西产能公式计算涠四段采油指数为 9.5～12.1m^3/(MPa·d)，按 6MPa 生产压差设计，直井采油量为 57～72m^3/d。理论公式计算结果往往偏大，依据 WZ12-1-2 井测试结果可知，储层产能很低。常规射孔及补孔条件下产量很低（甚至几乎无产出），采油指数测试结果为：4.0～4.2m^3/(MPa·d)，比采油指数 0.32～0.65m^3/(MPa·d·m)，按 6MPa 生产压差设计，直井采油量为 24～25m^3/d。

实际上，直井产能应比该结果更低，因为试井时产量不稳，井底压力持续降低，开井末期停止产出，这就表明地层原油不能以该产能稳定供给。

2. 提高油井产能技术

依据储层物性资料、生产摸索，该区块主要通过打水平井、压裂、酸化等技术来提高油井产能。

1）水平井：长水平井、多分支水平井

水平井或多分支水平井作为一种有效提高单井产能与可采量的技术而逐步得到推广应用。常规水平井（300～500m）产能是同条件下直井产能的 4 倍左右，鉴于涠洲 12-1 油田南块涠四段储层薄或是砂泥岩互层，水平井油层钻遇率会受到较大影响，因此，可以考虑采用长水平井技术以提高有效长度。研究表明，涠洲 12-1 油田南块涠四段采用长水平井(900m)，各层产能有望达到 80～100m³/d，可采量为 $4 \times 10^4 m^3 \sim 8.5 \times 10^4 m^3$。

同时，也研究了多分支水平井(小曲率、短半径(100m)多分支技术)方案可行性。对程林松和李春兰(1998)等分支水平井产能计算理论公式加以修正，在其基础上考虑表皮系数(中海油湛江分公司表皮系数一般为 5～10，该研究取 10)，计算 B(2 分支)、D(3分支)层采油指数分别为 15.6m³/(MPa·d)、19m³/(MPa·d)，双层合计 34.6m³/(MPa·d)，按生产压差 6MPa 设计，考虑一定的层间干扰(干扰系数取 0.75)，日产油可以达到156m³/d，累产油为 $9.8 \times 10^4 m^3$。

2) 压裂：高能气体压裂和大型水力压裂

高能气体压裂(high energy gas fracture，HEGF)：是利用火药(或火箭推进剂)高速燃烧产生大量的高温高压气体来压裂油气层的增产增注技术，它具有施工简单、作业时间短、费用低、效益高等特点。该技术在涠洲 12-1 油田南块涠四段Ⅰ油组试油取得较好效果。

WZ12-1-2 井 DST2 测试(涠四段Ⅰ油组 B 砂体)时，常规射孔与补射孔时基本无产出或少量产出，高能气体压裂后，产量有较大提高，采油指数为压裂前的 1.5 倍。

尽管高能气体压裂相对于压裂前取得了较好效果，但对于低渗油藏的单井产能尚不能根本解决问题，应再结合井型增产技术才能达到最终目的。

大型水力压裂：整体压裂技术以整个油藏为研究对象，以地应力研究为基础，将采油工程的水力压裂与油藏工程的数值模拟相结合。通过油藏整体压裂数值模拟，预测整体压裂开发的生产指标，确定最佳的裂缝穿透比和裂缝导流能力，为单井压裂优化设计提供依据。该技术始于 20 世纪 50 年代，在 90 年代得到大幅发展，青海七个泉油田、胜利五号桩油田、大庆的长垣油田均实施过整体压裂，取得较好效果(理论研究采收率提高3%~5%)。

经过生产摸索，已探索出涠西南复杂断块的水平井开采技术，因此，针对涠西南低渗储层特征，对单层相对较厚区域(如 WZ11-4N-3 井区)，笔者提出水平井分段压裂和水力喷射压裂技术，预测出压裂后和压裂前的产能比为 2～2.5。对多层薄层区域(如WZ11-7-1 井区和 WZ11-7-2 井区)，提出大位移井压裂技术，预测出压裂后和压裂前的产能比为 2～2.5。

3) 酸化

流一段储层虽然具有中孔、中高渗的特点(WZ11-4N-3 井区除外)，但储层敏感性呈现中偏强的水敏性和中等盐敏性的特征，而这种特征可能会致使钻井、完井液和生产作业液进入储层时，引起储层中黏土矿物水化膨胀和分散运移，从而堵塞油气层孔隙导致储层渗透率降低。

从储层物性资料分析可知，流一段储层的渗透率和孔隙度都较高，造成固相损害的可能性较大。针对钻完井中造成的储层污染，提出采用多氢酸体系对被污染的储层进行酸化改造的技术，在现场应用取得一定的效果。如 WZ11-8-1 井测试时气泡流动偏弱，经综合分析后采用酸化技术，酸化后测试获得日产 27.1m³ 的流量。

6.2　三维储层地质建模与数值模拟(油藏细分层系技术)

通过油藏细分层系可以弄清油田开采范围的剩余油分布情况而采取相应的调整措施，提高油田经济效益。主要有储层的精细描述、水淹层的测井解释、生产动态监测和剩余油分布研究四项关键技术。油藏细分层系技术在涠洲 12-1 油田得到较好的应用效果，且形成了一定的特色，可以借鉴到其他油田油藏开发。

储层地质建模是综合地震、测井、地质、油藏各学科的研究成果，建立三维地质模型，定量地进行储层描述，表征储层结构及储层参数的空间分布和变化规律，并为油藏数值模拟提供初始参数模型。通过渗流微分方程、计算求解，结合油藏、地质、油藏描述、试井等学科知识，进行数值模拟，预测各种开采条件下流体油藏动态、再现油藏开发动态的过程，并由此来解决油田实际问题。

6.2.1　油藏细分层系挖潜措施

油藏细分层系挖潜措施是通过降低油井含水，提高油田产能的细分层系，并以此采用相关措施提高油田经济效益。特别适用于采用多层合采的复杂断块多层系油藏(海上油田常见)。开采这种油藏时通常会出现层间干扰导致油田各层的采出程度不均。但此时油田整体采出程度却很低，通过油藏细分层系可以弄清楚油田开采范围的剩余油分布情况而采取相应的调整措施。

涠洲 12-1 油田中块是复杂的多层系断块油藏，主要含油层位涠洲组三段和四段，纵向上油组多，跨度大。中块 WZ12-1-3 井区自开发以来，由于层间干扰严重，导致含水率高、采出程度低。下面以涠洲 12-1 油田中块 WZ12-1-3 井区为例，详细阐述细分层系挖潜措施，主要从以下四个方面进行分析：细分层系技术的提出；细分层系关键技术研究；细分层系油藏方案研究及细分层系实施效果。

1. 细分层系技术的提出

自 1999 年油田投产以来，油田中块 WZ12-1-3 井区生产主要存在以下问题：上、中层系合采合注，层间干扰严重；中块 WZ12-1-3 井区上中层系油井严重结垢，影响生产和修井作业；中块涠四段衰竭开采，地层压力低，储层容易污染，注水开发困难等。针对涠洲 12-1 油田的采出程度低、产量下降快、生产井含水上升快等不容乐观的生产形势。开展油田细分层系，具有以下深远的意义：

(1)油田稳产、增产的需要。2004 年、2005 年，中块 WZ12-1-3 井区产能大幅下降，有必要开展细分层系，稳油控水以减缓产量的递减；原有的多层合采已经不适应，有必要对开发方式作进一步的调整以提高注水驱油效率和提高采收率。

(2)提高油田采收率。细分层系前的采出程度仅为 22%，细分层系后，中块 WZ12-1-3 井区涠三段水驱采油采收率达 30%以上，技术上不存在任何问题。

(3)积累海上油田开发技术和经验，为后期同类油田开发提供可参考的宝贵经验。海上油田开发毕竟不同于陆上油田的开发，该区细分层系工作的意义除了提高油田经济效益外，还能积累海上复杂陆相断块油田的开采经验。

结合油田中块 WZ12-1-3 井区面临的生产现状，该区细分层系研究需要解决的主要问题有：①解决层间干扰，实现稳油控水，控制油田产量下降趋势；②生产井结垢、防垢问题；③中块 WZ12-1-3 井区涠四段低压储层保护问题。

2. 细分层系关键技术研究

油田的细分层系技术主要有储层的精细描述、水淹层的测井解释、生产动态监测和剩余油分布研究 4 项关键技术。

1) 储层精细描述

油藏精细描述是剩余油分布研究的基础。油田开发中后期，为搞清油田剩余油分布特征、规律及其控制因素，油藏精细描应利用高分辨率层序地层学、流动单元划分和地震储层预测等方法对储层沉积相、有利的流动单元进行研究，不断完善储层地质模型和量化剩余油分布，为油藏数模奠定较好的地质基础。

(1) 高分辨率层序地层对比划分和沉积相划分。

采用高分辨率层序地层学对比和沉积微相划分方法，建立高分辨率层序地层对比格架。研究发现中块涠三段上部储层砂体发育，厚度大，连通性好。

(2) 储层非均质性及储层流动单元研究。

对渗透率变异系数统计表明层内非均质性较强。从渗透率突进系数上看，说明涠洲 12-1 油田涠三段中块整体上层内非均质性处于中等到偏强。

(3) 地震储层预测研究。

针对涠洲 12-1 油田中块 WZ12-1-3 井区油田复杂的岩石物理特征，系统研究纵波速度的变化，同时采用不同的方法提取能区分砂、泥岩的其他地球物理参数，并在多维参数空间对岩性进行预测。研究发现 WZ12-1-3 井区涠三段 V 油组储层厚度横向分布不均，砂体主体在开发区范围内呈 NE-SW 方向展布。从剖面的解释过程中发现，涠三段内的砂岩在空间的变化相当复杂，说明沉积各期河流的迁移性很强。

(4) 储层三维随机地质建模研究。

综合油田高分辨率层序划分对比和沉积微相研究的基础上，结合地震反演资料对涠洲 12-1 油田主力油组建立储层的骨架模型及物性模型。在建模过程中采用先进的建模软件利用基于像元的顺序指示模拟方法建立储层的砂体骨架模型，在沉积微相模型的控制下采用顺序高斯模拟方法建立储层的物性参数模型。

2) 水淹层测井解释方法的建立

水淹层测井解释的研究内容是："三饱和度"的确定(剩余油饱和度、残余油饱和度、原始含油饱和度)；识别水淹层(段)并判别其水淹级别；研究油水接触界面变化情况；不同开发阶段，产层各项地质参数的求取方法及其变化状况分析。

通过涠洲 12-1 油田中块涠三段水淹层测井解释分析，剩余油富集带主要集中分布在涠三段 IV 油组的 D 砂体、涠三段 VI 油组的 G 砂体、涠三段 VII 油组 I 砂体和涠三段 VIII 油组东侧 J、K 砂体的断层夹持的高部位，是剩余油挖潜的主要目标砂体。

3）生产测井技术的应用

通过生产测井实施监测油藏生产动态变化，实现油藏动态管理与研究、生产优化、制定开发调整方案以实现海上油气田优质高效开发目的的需要。PLT（production logging tool）和 RPM（pressure residual magnetization）生产测井技术在涠洲 12-1 油田得到了很好的应用，在剩余油分布认识、油藏管理与研究、生产优化及开发方案调整等方面提供了准确可靠的基础资料。

4）油藏数模法研究剩余油分布

将数粗化后的地质模型调入 Eclipse 数值模拟软件中，应用油、气、水三相黑油模型对涠洲 12-1 油田中块涠三段进行油藏数值模拟研究。根据纵向各油组砂体分布、流体性质及油水分布将模型分为 6 个流体平衡区，而后进行生产历史拟合。由数值结果可知，涠洲 12-1 油田中块涠三段剩余油纵向上主要分布在平面连通性欠佳的 D、E、G 砂体，而平面连通性较好的 F、I 砂体大面积水淹，平面上看主要分布在井间及砂体两端。

3. 细分层系油藏方案研究

针对中块油藏开发生产中存在的问题，采用油藏精细描述研究、油藏研究、细分层系等一系列的研究措施，对中块各油层的产出情况及剩余油分布进行了较深的研究发现：涠洲 12-1 油田中块 WZ12-1-3 井区剩余油富集带主要集中分布在 D、G、J、K 砂体的断层挟持的高部位，了解了各层的产出情况及开发潜力，并在此基础上进行细分层系，对高含水层进行封堵，充分发挥潜力油层的产油能力。

对于海上多层系水驱油藏，大多采用多层合采。对其剩余油挖潜的最好办法是细分层系，分层注采，目前生产井网无法波及的区域可以考虑低效井侧钻挖潜。

根据油田实际生产情况，确定中块 WZ12-1-3 井区细分层系的原则如下：①优先、重点开采剩余油分布集中、开发潜力较大的主力油层；②中块 WZ12-1-3 井区层系细分必须考虑涠三段、涠四段开发生产井的综合利用；③对于水淹程度较高的含油砂层，而采用机械卡水的方案；④对潜力较小的含油层，综合考虑其开采方式。

根据细分层系原则，充分考虑水淹程度较高的含油砂体的开发潜力，确定生产井以单层生产为主，必要时合采，注水井则分层配注，力争实现单层平衡注采的单井层系细分原则，同时考虑到气顶能量较足的 D、E、F、G 砂体，则根据实际生产情况采取间歇注水与气顶驱轮换的开采方式；对于连通性较差的 I、J、K 砂体，则采取注水井点轮换的注水方式提高水驱波及范围。

4. 细分层系实施效果分析

涠洲 12-1 油田中块 3 井区细分层系后产油量增加，含水大幅度下降，最终采收率和剩余可采油量都得到了极大提升，细分层系效果较好。

油藏细分层系技术在涠洲 12-1 油田得到了较好的应用效果，且形成了一定的特色。特别适用于层间干扰严重的多层合采情况，油藏细分层可以弄清楚油田开采范围的剩余油分布情况并采取相应的调整措施，其技术特色可为其他油田借鉴。

6.2.2　三维储层地质建模

储层地质建模综合地震、测井、地质、油藏各学科的研究成果，建立三维地质模型，定量进行储层描述，表征储层结构及储层参数的空间分布和变化规律，是油藏描述的综合成果。储层建模为油藏数值模拟提供初始参数模型，成功的地质模型对开发指标的预测、开发方案的制订、开发方案的调整具有重要作用。

在涠洲油田群地质建模过程中，针对地质建模过程中的各个技术环节进行了全面的质量控制来提高地质模型的质量，为下游油藏数值模拟提供扎实的数据基础。下面是对涠洲油田群建模的各个技术环节的叙述。

在全面地做好数据准备后，首先面对的第一个问题就是时间域的地震数据和深度域的地质数据无法关联，无法研究二者关系。因此，必须进行速度体建立、时-深转换关系的建立。平均速度体的建立，一般是输入时间域构造图和井点校正后的深度域构造图，计算每个层位的速度误差，获得误差速度，对误差速度网格化后加入原始平均速度场进行速度场空间校正；利用校正后速度场进行时-深转换，提高转换的精度。在这个过程中层面数据约束越多，则最终的速度模型误差越小。

以往的断层建模大多数都用手工生成，对于复杂断层模型的建立是建模技术上的一大难题。速度场建立后，通过速度体把断层数据转换为深度域内数据，直接利用断层生成断层框架，结合构造层面快速建立构造模型，从而突破技术难题。

对于构造解释没有变化，构造深度变化的地区，利用时-深转换原理，把旧层面当成时间域数据，新层面当成深度域数据，新老层面相除得出虚拟速度，建立虚拟速度体，利用该速度体把旧模型进行时-深转换，实现快速模型构建，节省大量重复工作。

构造模型建立之后，是沉积相和属性模型的建立，这是地质建模最重要的工作。对于海洋油田，由于井口资料稀少，沉积相和属性的有效预测在很多情况下要依靠地震属性数据来支撑。属性数据的获得包括常规的属性提取和地震反演两种。

在地震反演前必须进行归一化工作，原始测井数据存在系统误差，系统误差是指由于所选择的测井仪器型号、测井时间及井身结构和井眼泥浆性质的不同，使相同岩性、相同厚度的地层在不同井中录取时的测井响应值有所不同，造成井间能量的分布不均，而这种不同往往造成了某一井段响应值的整体偏大或偏小。为了解决这个问题，通过对测井、地质等资料的分析，确定分布稳定、岩性单一的地层，选择这套地层作为标准化处理的标准地层进行标准化处理。

常规的地震反演技术是使用单一的反演结果（如阻抗）来进行储层预测，但很多时候在单井上声波并不能很好地反映孔隙度和 GR（gamma ray），这样导致反演得到的阻抗与孔隙度或者 GR 的相关性并不高。因此，运用这种反演得到的结果来预测岩性或孔隙度精确度也受到限制。而利用多属性预测技术可以在常规反演的基础上，进一步提高预测的相关性。

当常规波阻抗反演所得到的阻抗体对岩性，物性反映不太明显，相关程度不太高时，可以考虑用 EMERGE（用于分析测井曲线和地震资料的程序）进行多属性预测，利用反演得到的阻抗体和地震的各种属性来找到与井的曲线的线性或非线性对应关系，相关程度会在原有的单属性反演基础上得到很大的提高。再将这种关系应用到整个三维体，这样就达到预测储层的目的。

沉积相模型建立：分析地震属性和地震反演结果，筛选出对沉积相反应敏感的种类，进行沉积相分析，然后采用 RMS 建模软件建立沉积相模型。该软件在复杂沉积相建模方面具有独特的优势，其基于目标模拟技术领先其他软件。以井口数据为硬数据，地震属性数据为软数据，输入前期地质研究获得的各种沉积相的知识库数据建立沉积相模型。

属性模型建立：属性模型包括孔隙度、渗透率、饱和度，一般渗透率采用孔隙度-渗透率公式转换，饱和度采用饱和度公式与孔隙度、油柱高度公式关系转换，所以最关键的就是孔隙度模型的建立。以沉积相模型约束、前期研究获得与孔隙度相关最高的地震属性数据或反演结果为软数据，井口数据为硬数据进行随机模拟，建立地质模型。

建立地质模型后，储量是储层三维地质建模能够给出的也是必须给出的重要油藏参数，然而在资料不完备及储层空间结构配置复杂的情况下，难以掌握储层的确定且真实的特征或性质，往往只是知道某些建模参数可能的期望值和取值范围，因此，在建模过程输入的参数只能是一些服从某一分布的随机变量，最终获得的储量也是服从某一分布的概率储量。在生产实践中，通过分析各种不确定性因素(即随机变量)，找出可能的储量变化范围，尽可能降低决策风险。

在涠洲油田群中涠 6-1 油田为裂缝油田，为了识别裂缝，采用了蚂蚁追踪技术，该技术用于断裂和裂缝系统的自动分析、识别。根据岩心描述、铸体薄片观察和成像测井解释，统计研究区岩心裂缝的密度和尺度，结合构造力学分析确定裂缝发育的方向。通过 Petrel 软件的蚂蚁追踪模块，对油田断层(特别是微小断层)进行详细解释，利用裂缝模块建立裂缝的模型，最后通过测井解释成果和试井分析渗透率校正，建立储层裂缝属性参数模型。

地质模型除了用于油藏数值模拟外，还可以用于开发井井位的设计。根据地质建模成果计算出储量丰度图，覆盖于对应油组的构造图上，把开发井靶点尽量设计在储量丰度大、海拔高的的构造区域。还可以回输数值模拟结果到 Petrel 作为参考数据，空间上应尽量控制轨迹穿越同一油组内地震反射好、岩性为砂岩、远离油水界面、单储系数高、孔隙度高、渗透率高、含水饱和度低的地方，并且尽可能地穿越更多的油层，尽可能增加单井可能动用储量。

海洋油田开发成本高昂，由于总体开发方案(overall development program，ODP)制作阶段的资料有限，开发井钻探方案的实施阶段往往要根据具体情况分阶段调整开发方案，达到最佳开发效果。每钻一批井后都必须重新建立地质模型，不断修正地质认识；同时输出给油藏人员重新数值模拟，修正油藏指标，随钻建模技术的实施能更加有效地指导生产井的钻探与设计方案的调整。

6.2.3　数值模拟技术

油藏数值模拟是通过渗流微分方程，借用大型计算机计算求解，结合油藏、地质、油藏描述、试井等学科，预测各种开采条件下流体油藏动态、再现油藏开发动态的过程，由此解决油田实际问题。如油田开发指标的预测、开发方案的制订、剩余油的分布、开发方案的调整都用到油藏数值模拟技术。

涠洲油田群是由涠洲 11-4D 油田、涠洲 11-4 油田和涠洲 12-1 油田等 7~8 个油田组成，构造复杂、油藏类型多。

北部湾所有油气田的开发研究过程当中，基本都要进行数值模拟研究，数值模拟在这些油田的开发研究中广泛应用，是一种不可缺少的技术，它起到举足轻重的作用。

由于涠洲油田群开发时间跨度大，资料获取方式、时间、精度等上都有较大差别，如何应用好这些资料，把数模研究做得更好更精细更接近油气田开发的实际，是其重要工作并形成了涠洲油田群数值模拟技术的特色。

1. 油藏数值模拟资料前处理方法

在油田数值模拟的研究中，需要对各种不同来源不同类型的资料进行收集、整理、统计及平均处理。若数值模拟资料处理不好就等于数值模拟研究"进来垃圾，出来也是垃圾"，因此，资料的处理在数值模拟研究中是重要的一环。

数值模拟研究中通常要处理以下三大重要资料。

(1) 相对渗透率曲线的处理 (平均或光滑)。

(2) 毛管压力曲线的处理 (平均或光滑)。

(3) PVT 数据校正或光滑处理。

涠洲油田的数值模拟研究过程，应用了一些自己独特的数据前处理技术方法：相对渗透率曲线平均处理技术；毛管压力曲线平均处理技术；曲线匹配处理技术；PVT 数据校正或光滑处理技术。

上述这些技术已程序化、软件化，可为数值模拟快速提供处理资料成果，并与数模软件无缝衔接。

2. 构建数模模型

在油气田数值模拟研究中，经常会遇到油气田不同开发阶段的数值模拟研究，如预可行性研究阶段、可行性研究阶段、总体开发方案阶段、油田开发实施等。在不同阶段遇到不同的油气藏类型，对于简单、断层少的并于早期评价的油气田或实施过程的油气田，采取 GRID (或 Flogrid) 快速建模，而对于较复杂断层多的油气田我们采取 Petrel 地质与油藏一体化建模。

1) GRID 快速建模

GRID 模块建立数值模拟模型是一个快速简单的建模方法。其特点是快速、高效，并结合目前已开发的辅助程序能自动建立数值模拟模型。

2) Petrel 地质与油藏一体化建模

Petrel 地质与油藏一体化建模技术就是地质建模与油藏要求及油藏资料相结合的方法。

具体做法是通过地质建模建立多个认为较合理的模型 (数据体)，结合油藏资料把多个数据体转成数模模型，利用 FrontSim 模拟技术快速模拟生产历史或测试资料，以此来筛选模型及网格优化。此种方法在北部湾油田群开发研究中广泛应用且效果很好。

3. 采用的数模技术及解决的问题

采用 GRID 快速建模进行自动构建数模模型,解决研究工作中快速进行数模研究的问题。如实施方案中快速提供数模结果问题等。

一般地,地质建模为了更好地精细描述油藏,往往模型网格数比较大,以至输出的模型在数值模拟研究时,运算速度太慢且有的地质模型网格方向不能满足数模要求。采用数模粗化技术就能解决这些问题。

1) 重新确定合适的数模网格方向及网格尺寸

数模网格方向性:在数模研究中,为了减少解方程的误差,往往网格的方向与主渗流方向一致。可应用 Flogrid 对网格进行重新的方向调整划分。

网格尺寸优化:地质建模往往模型网格数比较大,输出的模型在数值模拟运算中速度太慢,以至于影响数模的研究进程。数模研究上,一般进行网格尺寸优化,把网格尺寸优化成合适的尺寸,研究步骤为先重新设立多个尺寸的网格来拟合生产历史或测试资料,拟合较好且网格少者为最好。

2) 筛选渗透率粗化方法,进行渗透率粗化

由于计算机计算速度的原因,地质建模输出的数据体结果往往不能直接应用到数模研究上,需要进行粗化。Flogrid 模块提供了 9 种渗透率粗化方法,基本可以满足渗透率粗化的要求。在研究中,通常采用如下工作流程,取得较好效果。通过筛选,"No flow bcs"和"Linear bcs"方法对于渗透率粗化较好。

在涠西南油田群采用网格局部加密技术主要解决堵水研究问题。例如,WZ11-4-A15 井是位于主体区北边部生产 II 油组的一口斜井,最大造斜点达到 60°,综合含水率超过 90%。该井射孔后进行了砾石充填防砂,砾石充填段连通了油层和水淹层,无法采用机械封堵,考虑油井的位置、生产管柱和完井方式等因素,决定采用人造化学隔板堵水方法,确定控制底水锥进的技术方案,进行堵水实验及数模研究。

实施后堵水的效果相当好,堵水后的生产情况一直稳定,堵水措施的有效期为 1 年左右。

化学隔板堵水技术成功应用在涠洲 11-4 油田中,不仅为南海西部油田群的稳油控水提供帮助,同时也为油田提高采收率的可行性研究方面积累经验,为复杂的油井堵水找到一种新的可行办法。对于块状反韵律沉积(复合韵律),尽可能利用现有的地质油藏资料确定见水部位、主力产油部位。借鉴成功井的堵水经验,加强堵水机理研究,模拟堵水井效果,确保堵水井实施后增油效果,数模是堵水措施中的关键一环。

在地质建模中,有时含油饱和度分布出现异常点,饱和度要么很大,要么很小,而造成束缚水($S_{ws}=1-S_o$,其中 S_{ws} 为束缚水饱和度,S_o 为含油饱和度),分布也不合理,这个问题造成的后果是模型严重不收敛或有人放弃使用地质建模的饱和度,为解决这个问题,采取的技术措施为"寻找关系,局部定义"方法使饱和度分度更加合理。寻找关系就是从岩心分析资料中寻找束缚水与孔隙度关系、残余油与孔隙度关系;局部定义就是 Flogrid 中的计算器功能,利用关系生成法重新定义异常点。

地质建模为了能真实反映地下情况往往网格都比较细,而油藏数值模拟由于机器速

度问题，地质模型都要进行粗化，但模型粗化会使地质信息丢失，为了解决这个问题，采取的技术措施为先化整为零，再化零为整(多藏耦合)方法，使模型地质信息不至丢失，使模型更能体现油田的真实性。

对于多个区块(断块)组成且各断块又是独立开发的油气田，具体技术步骤为首先各断块分别独立地进行地质建模，不粗化，形成独立的数模模型，用耦合技术把它们连在一起，运算时，各独立断块模型为单独运算，但结果耦合在一起。该技术对多断块油气田特别适用。

数值模拟历史拟合主要验证和完善地质模型从而解决剩余油分布和调整井井位问题。主要的技术方法如下。

(1)确定可调参数。

在经验中，孔隙度、流体压缩系数、初始流体饱和度和初始压力、PVT 数据、油-气-水界面都为确定参数；而渗透率、有效厚度、岩石压缩系数、相对渗透率曲线、孔隙体积定为可调参数。

(2)确定参数可调范围。

渗透率在任何油田都是不定参数，这不仅因为测井解释的渗透率与岩心分析值误差较大，而且根据渗透率的特点，井间渗透率分布也不确定，故渗透率修改允许范围较大，可放大或缩小 3 倍或更多；有效厚度可根据测井解释的有效厚度与取心资料进行对比统计，根据统计结果进行修改，一般偏高 30%左右，可调范围为-30%~0%；相对渗透率曲线可适当调整；孔隙体积可根据油储量、水储量进行调整。

(3)特殊问题的处理。

①校正测试压力到模型条件下。

在已投产的生产井测试的压力数据往往与包含井的网格块的计算压力不一致，例如，含有生产井的网格计算的压力一般高于井底流动压力，但低于关井多天后的实测压力，出现这种情况的原因是网格在平面上的尺寸比井半径大得多。因此，网格压力相当于远离井筒处的实际压力，解决这个问题有两种途径：一是在包井周围网格进行加密；另一种是调整计算压力或测量压力，以使两个压力代表油藏同一位置的压力。

②有关界面处的网格饱和度处理。

在作生产历史拟合研究时，有时会出现靠近油水或油气界面的网格块，其生产井处的水或气饱和水偶尔会上升到一个很高值，以至于使油相的相对渗透率降为零，导致模型中油井不可能出油，而实际生产井却在不断出油，解决这一问题的途径是修改模型网格块中油水或油气界面深度，或者修改油饱和度，从而使拟合中网格块中水或气的饱和度不会太高。

在涠西南油田群的数值模拟研究中，历史拟合主要用于产量预测及剩余油分布和调整井井位研究，例如，涠洲 11-4 油田Ⅱ油组剩余油分布和调整井研究中取得很好的效果。

油藏数值模拟技术在涠洲油田群得到广泛的应用且效果很好，且形成自己的特色同时油藏数值模拟技术在剩余油分布研究、调整井井位选择、堵水等方面起了重要作用，且涠洲油田群形成的数模技术特色可供其他油田借鉴。

6.3　注气开发提高采收率技术

随着油田开发，涠西南油田群生产的伴生气量逐渐增多。而该区域存在的 4 类油藏采用常规技术和手段都难以进行有效开发。而通过调研结果、理论研究、模拟实验及现场应用表明，注气是解决该区域油藏开发的有效措施。同时，注气开发技术经济效益显著，推广应用潜力巨大。

6.3.1　研究背景

截至 2003 年，涠西南油田群已发现的天然气地质储量有一定规模(天然气储量为 $115 \times 10^8 m^3$，溶解气储量为 $163 \times 10^8 m^3$)，随着油田开发所生产的伴生气量逐渐增多，因而涉及有关天然气综合利用问题。与此同时，该区域存在 4 类油藏(溶解气驱开发的油藏、经水驱开发后已进入中后期的油藏、未开发的低渗油藏、难以形成注采井网进行经济有效开发的油藏)，采用常规的技术和手段都难以较大幅度地提高油田采收率。如涠洲 12-1 油田中块 WZ12-5-3 井区涠四段油藏因注水存在严重的结垢风险等诸多不利条件而未能实施水驱开发，最终导致地层压力下降，原油在油藏内严重脱气并形成次生气顶，生产井被迫关井，等待调整，采出程度仅为 7.7%。如何较大幅度提高该区此类已开发油田采收率是实现这一目标的重要保障措施之一。初步的调研结果、理论研究、室内模拟和国内外大量矿场实践经验表明，注气是大幅提高此类油藏采收率的重要途径之一。

因此，中海油湛江分公司于 2003 年着手开展注气开发的系统研究工作。通过对注气提高采收率技术进行系统研究，期望达到以下总体目标。

(1) 系统研究并掌握上述 4 类油藏注气提高采收率的有关理论和评价技术，指导涠西南油区注气开发的项目评价、设计、实施和管理。

(2) 根据掌握的理论和技术，以及形成的系列技术，筛选出涠西南油区上述 4 类油藏适合注气的有利油藏，并提交重点目标油藏实施注气驱开发的有关研究成果，包括研究涠洲 12-1 田中块涠四 A、B、C、D 砂层组注气开发的可行性。

(3) 注气开发依托工程实施的跟踪管理和实际效果后评估，评价海上油田注气开发配套技术的应用实际效果，注气相关理论和技术提升及完善的工作建议，以及评价其推广潜力。

6.3.2　研究形成的注气理论和技术

经过近 5 年的理论和技术研究、依托工程的实验和实施后的评估总结，基本建立了我国海上油田注气开发方案研究和设计技术系列、注气开发方案实施及生产管理技术系列和安全环保管理模式。

1. 涠西南油田注气油藏筛选和潜力评价技术

通过对国内外大量注气开发油藏注气效果影响因素的实例分析研究基础上，结合涠西南油田地质油藏特点，优选出三大类共 12 个油藏变量参数：①油层性质参数包含渗透率、孔隙度、润湿性、非均质性；②油藏性质参数包含油藏深度、油藏压力、油藏温度、油藏倾角、储层厚度；③原油性质参数包括原油黏度、原油密度和含油饱和度。根据这12个油藏变量的性质对目标油藏是否适合注气所起作用大小，提出了用参数权重向量乘以参数适宜度矩阵的方法来对油藏进行综合评价，求出最适合和最不适合注气的参数值，用参数最优化方法确定每个油藏属性适宜度。

2. 海上油田注气方案研究和编制技术

通过该课题的室内研究和矿场实践，逐步形成注气油藏精细描述技术、注气室内实验和机理研究技术、注气油藏工程研究技术、注气油藏数值模拟及方案优化技术、注气钻采工艺技术、海上油田注气工程设计、生产作业、职业卫生或安全环保技术、节能减排技术八大技术和方案。

1) 注气油藏精细描述技术

通过该课题历时5年对影响注气效果的重要地质油藏因素的研究和矿场实践，逐步形成一套适应涠西南油田地质特点的注气油藏精细描述技术系列，主要内容包括以下几个方面。

(1) 构造和断裂系统精细描述技术。

(2) 精细小层对比和沉积微相研究技术。

(3) 储层测井评价及参数度求取技术。

(4) 井震结合井间储层预测刻画方法。

(5) 储层非均质性及构形分析技术。

(6) 生产动态与静态资料综合分析评价技术。

(7) 三维地质预测模型的建立数值模拟剩余油预测技术。

2) 注气室内实验和机理研究技术

为研究不同的注气开发方式和驱替机理，包括混相驱、近混相驱、非混相驱、循环注气、脉冲注气、气水交替等，系统调查和研究了室内注气驱实验评价技术，已掌握油藏注气驱提高采收率机理室内研究和评价技术，包括以下几个方面。

(1) 注气前地层原油流体基本相态特征实验分析技术。

(2) 注气驱过程注入气-地层原油驱替机理相态配伍性实验技术，主要包括流体膨胀实验和多次接触实验技术。

(3) 注气驱最小混相压力测定实验技术，主要包括注气驱细管实验、原油升泡驱替、界面张力测定实验。

(4) 长岩心注气驱渗流机理实验。主要对循环注气、脉冲注气、气水交替、段塞驱等注气开发方式及注气时机、注气速度、交替周期、注采强度等工艺参数敏感性进行评价和筛选。

(5) 油气水相对渗透率测定实验技术。该技术主要为气水交替驱替渗流机理研究和开发方案设计提供油气、油水、气水、水气两相相对渗透率实验数据。

3) 注气油藏工程研究技术

针对注气项目的综合评价需要，研究形成的油藏工程研究技术包括以下几个方面。

（1）注气相关的天然气和原油的物理化学性质分析技术。

（2）油藏的流体分布特征和渗流规律研究技术，包括阁楼油分布特点、剩余油分布，残余油饱和度特点，黏性指数等研究预测技术。

（3）不同注气驱动类型的开发机理及其影响因素分析技术，包括地质油藏因素和方案设计的可控因素，如渗透率级差，沉积韵律，储层敏感性、压力保持水平，注入流体组分，驱油效率等分析技术。

（4）不同注气方式的产能计算方法和预测技术，包括注气、水气交注、注气吞吐等方式的产能及其在各阶段的变化规律预测技术。

（5）注气开发方案优化设计技术，包括注采井网优化、井型设计、注气方式优选、注采速度、焖井时间、交替周期设计等。

（6）注气开发的指标预测综合预测技术，包括物质平衡预测动用地质储量和可采储量大小、油藏流体产量变化、压力变化、组分变化等。

（7）注气开发效果评价和生产动态分析技术，包括注采动态、油藏内部连通状况、渗流物理特征、层间均衡开采、剩余油饱和度、开发效果和后期利用开发评价技术。

4）注气油藏数值模拟及方案优化技术

研究形成的注气油藏数值模拟及方案优化技术包括以下几个方面。

（1）组分模拟器优选技术，即根据混相驱、非混相驱、重力驱、水气交注和注气吞吐等方式选择合适模拟器技术。

（2）剖面模型研究注气机理技术和注气驱采收率影响因素评价技术。

（3）合理注气和采油速度优选技术。

（4）整体模型方案比选和开发指标预测技术。

5）注气钻采工艺技术

已掌握的注气钻采工艺技术包括如下几个方面。

（1）注气井套管强度计算和安全校核技术。

（2）注采管柱设计和井下工具选择技术。

（3）注气开发配套工艺技术，包括储层保护技术、出砂预测及防砂工艺技术、防蜡工艺、解堵增注工艺、防水合物工艺技术。

（4）注采钻采方案实施程序优化技术。

6）海上油田注气工程设计

研究形成的海上油田注气工程设计技术包括以下 7 个方面。

（1）海上油田注气工程设计标准规范优选技术。

（2）海上注气工程流程设计技术。

（3）海上注气工程主设备的选型思路。

（4）海上注气工程设备的防腐技术。

（5）海上注气工程设备的安全设置技术。

（6）海上注气工程设备的操作方法和维护技术。

（7）海上注气地面工程各类仪表优选及控制系统构架技术。

7)生产作业

研究形成的生产作业方法包括以下两个方面。

(1)注气项目现场生产组织机构设置方法。

(2)生产维修人员编制和各岗位分工管理推荐做法。

8)职业卫生或安全环保技术

形成的职业卫生/安全环保技术包括以下两个方面。

(1)职业病的主要有害因素分析识别技术和职业病防范技术。

(2)安全管理和保证技术。

3. 注气开发方案实施及生产管理技术

1)注气项目实施管理技术

针对注气开发方案的实施，已研究形成如下注气项目实施管理技术方法。

(1)海上油田注气系统应急预案设置技术。

(2)海上油田不停产注气系统现场安装、调试的安全管理方法。

(3)工艺流程适时优化改造技术及注气系统生产安全管理技术。

2)注气开发生产管理技术

针对注气开发方案的实施，研究形成如下 3 条注气开发生产管理技术。

(1)注气油藏生产动态监控技术，包括注气前监测、注气过程中监测、注气突破后动态监测技术。

(2)采油工艺监控技术，主要包括注采工艺管柱的安全性监控，即对最后确定的满足油藏工程、地面工程、监测要求的对"注采工艺管柱与井口装置"的适应性、安全性进行动态校核和监控。

(3)工程设施监控技术，包括生产监控和安全监控技术。

6.3.3　注气理论和技术应用效果及前景

1. 依托工程(涠洲 12-1 油田注气项目)经济社会效益显著

2004 年 10 月~2005 年 9 月期间，完成了《涠洲 12-1 油田中块涠四段注气开发可行性研究》的工作，推荐方案采取油藏顶部注气非混相驱开发；分两套层系进行开发：A、B 砂体为一套层系，D 砂体为另一套层系。注气井 1 口(WZ12-1-A2 井)，分注 A、B、D 砂体；采油井共四口，其中，A、B 砂体采油井三口(WZ12-1-A12b、WZ12-1-A8 和 WZ12-1-B7 井)，D 砂体采油井 1 口(WZ12-1-B20 井)，注气相关工程设施布置在涠洲 12-1 PAP 平台。2006 年 1 月 15 日，中海油湛江分公司批准"涠洲 12-1 油田中块涠四段注气项目"正式实施。2007 年 9 月，开始向地层注气。目前已见实际效益，WZ12-1-A2 井吸气能力达到设计要求，已累计注气 $2542 \times 10^4 m^3$，地层压力上升了 0.3MPa，WZ12-1-A12b 井产量已升高。

(1)后评估采收率增加 7%~10%，可采储量增加约 $70 \times 10^4 m^3$。

(2)项目净现值 2.9 亿元。

(3)附加效益大(有了高压气源可用于注气吞吐、气举采油)。

(4)每年减排温室气体约 $2\times10^8m^3$。

(5)最终形成人工气库,实现天然气资源的有效利用。

2. 形成的海上油田注气开发系列技术推广应用潜力巨大

分析认为,涠西南油区今后每年有 $20\times10^4\sim30\times10^4m^3$ 原油将得益于注气开发,海上油田注气开发系列技术减排能力大,北部湾每年有 $2\times10^8\sim5\times10^8m^3$ 天然气资源将实现有效利用。

6.4　老油田调整挖潜技术

油田调整挖潜技术是研究潜力区的位置及类型(形成原因),根据潜力区的特点采用如调剖、老井侧钻、钻加密井、堵水、注气等技术方法开发的综合技术。目前挖潜技术也紧紧围绕剩余油分布研究和开发剩余油进行。

如涠洲 12-1 油田,断块较多,部分区块注水收效较差,开发效果差异较大,同时由于含油层数较多,初期合注合采层间矛盾突出。针对这些特点,采取有效的挖潜措施。

6.4.1　剩余油分布研究

涠洲 12-1 油田探明石油地质储量达到 $4540\times10^4m^3$,由于各块开采的不均衡,层间和层内还存在大量的剩余油。剩余油分布研究从多方面入手,主要有在油藏地质分析研究基础上的开发数值模拟、生产测井动态监测及水淹层开发潜力综合评价等。

1. 油藏数值模拟研究剩余油分布

根据涠洲 12-1 油田中块涠三段的特点,在储层精细描述的基础上,建立了精细的地质模型,并结合生产动态应用数值模拟技术进行油藏数模研究。油田地质储量、含水率、气油比与地层压力拟合程度较好。数值模拟结果表明涠洲 12-1 油田中块涠三段剩余油纵向上看主要分布在平面连通性欠佳的 D、E、G 砂体,而平面连通性较好的 F、I 砂体大面积水淹;平面上看主要分布在井间及砂体两端,为挖潜指明了方向。

2. 生产测井技术的应用

涠洲 12-1 油田投产至今,共开展了 26 井次产出剖面测井、10 井次吸水剖面测井及 3 井次 C/O 剩余油饱和度测井。通过产出/注入剖面生产测井分析结果,对高水淹层进行封堵,解放低产层的产油能力。细分层系方案实施后,有效地抑制了高含水层的产出,增油量达到 $200m^3/d$ 以上,并结合饱和度测井结果确定主力油层为 D、G 砂体。

3. 水淹层开发潜力综合评价

分析认为,整个涠洲 12-1 油田中块 WZ12-1-3 井区水淹层的剩余油富集带主要集中分布在涠三段Ⅳ油组的 D 砂体和涠三段Ⅵ油组的 G 砂体及涠三段Ⅶ油组 I 砂体和涠三段

Ⅷ油组东侧 J、K 砂体的断层夹持的高部位,是综合治理剩余油挖潜的主要目标砂体,其余各油组则水淹程度较高,剩余油挖潜潜力不大。

6.4.2　主要挖潜技术措施

为了提高油田产量,高效、合理地开发油田,随着油田的开发,措施产量所占比例也越来越大。主要采用的挖潜措施如下。

(1)第一类是提高注水效果的措施,如高压增注、细分层系注水等。

(2)第二类是开发方式的调整,如注气、单井注气吞吐等。

(3)第三类就是提高储量动用的措施,如调整井、补孔调层等。

1. 侧钻及换层补孔技术

南块涠三段Ⅳ油组边水能量充足,不需注水,将注水井 WZ12-1-A16、WZ12-1-A17 井侧钻为南块的生产井,到 2005 年累积增油 $25.16 \times 10^4 m^3$;A12 井生产南块涠三段Ⅳ油组,由于含水高,于 2003 年 2 月 7 日侧钻为中块涠四段Ⅰ油组 AB 砂体采油,到 2005 年实现累积增油 $6.11 \times 10^4 m^3$。2001～2005 年年底,涠洲 12-1 油田侧钻、调整井 4 口,补孔换层 5 层次,共实现累积增油 $95.84 \times 10^4 m^3$,平均单次措施增油 $10.65 \times 10^4 m^3$,取得了较好的增油效果。

2. 油井解堵技术

WZ12-1-A8 井于 2003 年 4 月 27 日停喷,下泵后频繁欠载,井筒与地层无法建立渗流通道,地层严重污染。2003 年 7 月 12 日对该井进行了连续油管氮气气举也未成功;采用阿波罗生物酶解堵,无法挤入油层而失败(泵压最高达到 26MPa)。分析认为主要污染为固相污染,污染带应该小于 10cm。WZ12-1-A8 井下层系采用 TCP/ESP/Y-Tool 联作射孔,解除初期的压井给储层带来的污染。WZ12-1-A8 井补射孔后初期产油 $428m^3/d$,增油效果明显。

3. 开发方式优化技术

动态分析认为:南块涠三段Ⅳ油组具有较强的边水能量,在注水驱动采油方式下,注入水有可能沿高渗带呈舌进或指进,造成不均匀驱油。为了改变水驱方向和增加水驱油的波及范围,于 2002 年 3 月 2 日实施间歇注水,间歇周期为两个月。停注后,生产稳定,含水上升有所减缓,产油日递减率从 0.0067 降到 0.0025,停注效果比较明显。

4. 注水优化技术

北块 WZ12-1-B15、WZ12-1-B4、WZ12-1-B14 等注水井初期注水量低,考虑通过提高注水压力与地层吸水指数来实现增注,而井口注水压力已经达到平台注水系统的最大压力。因而,用泥浆泵高压挤注,激动启动压力高的部分微细孔隙参与渗流,从而提高地层吸水指数。2004 年 10 月 4 日对 WZ12-1-B15 井实施增压泵注水,注水量由约 $350m^3/d$ 提高到 $1100m^3/d$。增压泵注水后 WZ12-1-B9、WZ12-1-B10 井生产气油比迅速下降。

WZ12-1-B4 井套管注涠二段Ⅳ油组开始注水量只有 80m³/d 左右，WZ12-1-B1 井开始生产时产量较低，测压后开井没有产出，2005 年 9 月对 WZ12-1-B4 井进行增压注水后，注入能力可达 300m³/d 左右，WZ12-1-B1 井开井后能够顺利生产，以 60m³/d 左右稳产。

5. 滚动勘探开发

涠洲 12-1 油田从 WZ12-1-1 井钻探发现南块控制+预测储量 $812 \times 10^4 \text{m}^3$ 开始；通过在南块继续钻评价井 WZ12-1-2 井，发现探明储量 $989 \times 10^4 \text{m}^3$，控制储量 $814 \times 10^4 \text{m}^3$，预测储量 $915 \times 10^4 \text{m}^3$；通过滚动勘探在中块钻 WZ12-1-3 井，发现了 WZ12-1-3 井区涠三段的含油层，使油田探明储量增加到 $2309 \times 10^4 \text{m}^3$；通过 A 平台的实施优化，在中块发现了涠四段的含油层，实施后的探明储量增加到 $2886 \times 10^4 \text{m}^3$；为了更进一步评价北块的含油情况，先后钻探了 WZ12-1-5 井和 WZ12-1-6 井，使油田的探明储量增加到 $4656 \times 10^4 \text{m}^3$；通过 B 平台实施优化和在 4 井区钻探 WZ12-1-7 井，油田的探明储量增加到 $4736 \times 10^4 \text{m}^3$。此期间产量也不断接替，2004 年 B 平台投产后，油田产量接近年产 $80 \times 10^4 \text{m}^3$，但由于没有新的区块接替，产量很快在 2007 年递减到 $37 \times 10^4 \text{m}^3$。在 2009 年注气实施见产和 4 井区调整井注水收效后，油田产量又可以回到 $80 \times 10 \text{m}^3$ 以上的年产。

6. 利用伴生气注气技术

涠四段油藏为典型的溶解气驱生产动态特征，储层连通性好，已在构造高部位形成次生气顶，且高陡构造，适合顶部注气低部位采油的非混相重力驱油。注气开发研究认为：采用两套层系开发 A、B 层和 D 层。注气 3 个月以后开始生产，地层压力有所恢复、生产气油比上升，自喷能力增强，采油井可采用自喷方式采油。涠四段油藏高部位 A2 井注气、低部位 WZ12-1-A8、WZ12-1-B7、WZ12-1-A12b 和 WZ12-1-B20 井采油，日注气 40m^3，采油速度 3%，最终注气采收率采收率 27.2%。剩余可采储量为 $160.2 \times 10^4 \text{m}^3$，和注水方案相比可以提高采收率 8%。

第7章 边际油田工程建设

为减少生产作业成本，保障油田的稳产增产、降耗高效及油田群的高效经济开发，在涠洲部分油田生产作业中采用简易生产平台技术、单层保温海底管线技术并在现场作业人员和专家的论证与研究下进行油田生产工艺革新。

7.1 简易生产平台技术

涠洲 6-1 油田、涠洲 11-4N 油田采用的简易无人井口平台进行生产作业，简易平台相比常规四腿平台的低材料及制造费用可以为海上作业节省成本，并提高经济效益(谭越,2011)。

7.1.1 涠洲 6-1 简易无人井口平台

涠洲 6-1 油田井口平台，位于水深 35m 处，为无人驻守平台。平台上设有工作间、吊机设施等，无直升机甲板。平台采用单腿三裙桩导管架结构形式，裙桩直径为914mm，入泥深度约为 50m。油井采用一筒三井形式，隔水套管位于结构主立柱内部，直径为914mm，入泥深度约为50m。单腿三裙桩生产平台示意如图 7-1 所示。

图 7-1 简易生产平台示意图

涠洲 6-1 简易无人井口平台,比常规的四腿平台材料及制造费用可节省约 10%。

7.1.2 涠洲 11-4N 简易无人井口平台

涠洲 11-4N 油田井口平台位于水深约 40m 处,为无人驻守平台。平台上设有工作间、吊机设施等,未设直升机甲板。平台采用两腿三桩导管架结构形式,其中两根为主桩,一根为裙桩。主桩直径和裙桩直径均为 1220mm,入泥深度约为 70m。平台上设有 6 口井,其中三口井位于一根主桩内,其他三口井需用隔水套管 3 根,隔水套管尺寸为 610 mm×25mm,预计入泥深度为 50m 左右。涠洲 11-4N 简易无人井口平台,比常规的四腿平台材料及制造费用可节省约 2%。

7.2 单层保温海底管线技术

海管由内管、外管及保温层、防腐层和配重层组成。内、外管之间填充保温层,外管外部有水泥配重层,保温管结构形式见图 7-2。

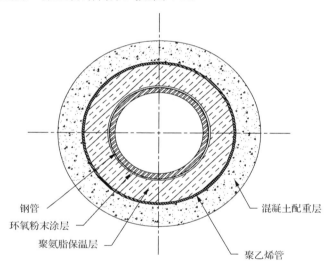

图 7-2 保温海底管线结构形式截面图

WZ11-1 单层保温管:设计压力为 8300kPa;内管材料为 API 5L X65、外径 323.9mm、壁厚 12.7mm,保温层材料为 Polyurethane、厚度 40mm、密度 $80kg/m^3$;外管为 PE 管、外径 428.7mm、壁厚 12mm、密度 $940kg/m^3$。

WZ6-1 单层保温管:设计压力为 4100kPa;内管材料为 API 5L X65、外径 168.3mm、壁厚 8.7mm,保温层材料为 Polyurethane、厚度 40mm、密度 $80kg/m^3$;外管为 PE 管、外径 273mm、壁厚 12mm、密度 $940kg/m^3$。

WZ11-4N 单层保温管:设计压力为 1500kPa;内管材料为 API 5L X65、外径 168.3mm、壁厚 8.7mm,保温层材料为 Polyurethane、厚度 40mm、密度 $80kg/m^3$;外管 API 5L X65 为 Polyethylene 管、外径 273mm、壁厚 12mm、密度 $940kg/m^3$。

单层保温管的使用，比常规的双层保温管线材料及制造费用可节省约 60%。

7.3　涠洲油田生产工艺革新

涠洲油田自从 1986 年涠洲 10-3 油田投产以来，随后不断有新的油田发现和投产，至 1999 年已逐步形成了一个网状的油田群——涠洲油田群。在 20 多年的开发历程中，各油田都涌现出许多的技术革新、工艺改造的优秀成果，为油田的稳产增产和降耗增效及油田群的经济高效开发作出了重要贡献。下面为开拓创新的几个典型实例。

7.3.1　海上平台首次成功大修双燃料发电机

2005 年 5 月，涠洲 11-4D 油田的 2# 发电机运行时间已经达到了 30000 多小时，出现了启动困难、油耗高、振动大等故障，需要进行解体大修。该机组是从美国 FM 公司进口的一款双燃料发电机，在国内仅有两台而且全部都在涠洲 11-4D 油田，机组内部结构复杂，维修难度大。我方没有维修此类机型的经验，厂家建议整套机组拆下送回厂大修，如果采用此方案，则我方省事省心，不用负任何责任，但是维修周期长(4 个月)、维修费用高(100 万美元)。如果不采用此方案而采用就地现场维修，我方将承担更多的维修质量责任。因为大修的内容多、意外情况多，对维修人员的技术要求高，而且拆下的机组配件将会摆满整个甲板，防水、防尘、防雾、防锈及现场协调的工作量非常大，不能出现任何的疏忽大意，维修的风险很高。但是如果采用现场维修，则不需要整体拆卸、运输，维修周期较短；可以利用国内技术、采用部分国产备件，维修费用低。涠洲 11-4D 油田的管理者和生产者们经过认真考虑，认为送回厂家大修，不但费用高，时间长，不可控，而且失去了一次很好的锻炼机会。今后类似的机组都要送回厂家，主动权永远掌握在外方手里，我方永远是被动的。于是，经过反复论证，认为目前有能力、有信心进行现场维修，最后选择了"海上平台大修，厂家来人指导"的维修方案。

该次大修是大型发电机组首次在南海西部海域的采油平台进行大修，也是美国 FM 公司的发动机在我国的首次大修。涠洲 11-4D 油田非常重视，专门成立了大修小组，由油田总监任组长，维修监督任副组长，动力主操及维修技术人员任组员。经过精心的技术准备、人员准备、备件准备、方案准备、场地准备、风险分析，细化了方案中的每一道工序，每一个环节都进行了精心的组织，每一环节都实现了无缝连接。其间，油田克服了海上天气突变、零件堆场分散、负荷测试困难、配件紧急定购、制作专用工具等难题。经过多次与厂家、维修承包商讨论协调，解决了种种难题，最后历时 25 天(比计划提前 10 天)成功完成发电机在平台大修的工作。实现了无安全事故、一次安装成功、一次负荷测试成功、一次调试双燃料成功。

涠洲 11-4D 油田 2# 主发电机大修后技术指标大大提高，机组启动容易、切换平稳、振动合格、负载能力增强、运行状态良好，实现了最初设定的维修目标。同返厂大修相比，时间节省了 2 个月，维修费用节约 240 万元。

主发电机在平台大修成功，节省了时间，节约了费用，也锻炼了油田职工团队，提高了维修技术水平，实现了一举多得，体现了公司的管理水平和团队素质，并为其他类似机组大修提供了可借鉴的经验。

7.3.2　优化改造解决油田生产瓶颈问题

涠洲 11-4 油田于 1993 年投产，是一个老油田，随着开采时间的延长，油田综合含水不断上升，在想方设法提高油田产油量的过程中，油田的产出水不断增加，生产水处理系统始终处于满负荷运行状态，虽然油田先后两次对生产水处理系统进行扩容改造，但生产水处理实际能力一直无法大幅度提升，最高只有 $10000m^3/d$，生产水处理能力的不足已成为油田生产的瓶颈问题。为了保证生产水处理的质量，满足达标排放的环保要求，曾通过关闭高含水生产井和增加化学药剂(破乳剂、清水剂、反相破乳剂)用量来保证生产水的处理效果。但却严重影响了油田的产量，也限制了油田增产措施的进一步实施，而且使油水处理的化学药剂费用不断增加，生产水处理能力不足已经严重制约着油田的生产发展。

涠洲 11-4 油田井口 B 平台至中心 A 平台的输油海管内径只有 152.4mm。自 1996 年以来，该海管输液量不断增加，至 2004 年该海管实际输油量已超过设计操作能力的27.4%，由此导致海管输送压力超高达到 1.50MPa。海管输送压力高不仅给海管安全运行带来隐患，而且造成 B 平台生产管汇回压高，容易导致安全阀超压泄放，油井井口回压偏高也直接影响油井的产量，因而海管输油能力不足也成为油田生产和安全的瓶颈问题。

综上所述，生产水处理系统的扩容和输油海管能力的提升，是涠洲 11-4 油田生产亟待解决的难题。

针对油田生产存在的以上问题，对油田设备配套和生产运行状况进行了详细分析和深入研究，基于"充分利用油田设施，实行合理优化改造"的原则，提出了两个工艺优化改造方案：一种方案是把原油"静电脱水器"改造成原油"三相分离器"，同时增加一台水力漩流器，在 A 平台形成两套三相分离器并联进行油水处理，解决生产水处理能力不足问题。另一个方案是在 B 平台增设两台海水提升泵，满足其消防水自立供应，把原来 A 平台给 B 平台输送消防水的海管改造成 B 平台给 A 平台输油的海管，使 B 平台向A 平台形成"双管输油"，以解决海管输油能力不足问题。

以上两个改造设想经过专家进一步详细论证，认为方案合理可行，既充分利用了油田原有资源，而且改造费用经济合理，能有效解决油田生产的难题，更为重要的是，拓宽了油田进一步实施增产措施的空间。

经过充分准备和实施以上两个改造方案后，取得良好的实际效果，A 平台生产水的处理能力由 $10000m^3/d$ 提高到 $15000m^3/d$，同时每年可节省 300 万元化学药剂费用；B 平台改造后形成双海管输油，使原油输送能力翻番，实现有效解决油田生产中的疑难问题，为油田进一步进行稳产增产提供了空间。

7.3.3　优化改造轻烃回收装置增产增效成果显著

1998 年投产的涠洲终端厂有一套轻烃回收装置，用于对海上平台输送来的天然气和原油分离出来的伴生气进行分馏处理，回收其中的轻油和液化气(liquefied petroleum gas，LPG)，以提高天然气的利用率，具有良好的经济效益。

刚投产时的轻烃回收装置，由于工艺设计原因，其中液化气的回收率只有 75%，还有很大一部分没有被回收，而被送到下游的炭黑厂或火炬放空烧掉。而刚投产时天然气总量不大，问题还未显现出来，随着涠洲油田群的滚动开发，送到终端厂的天然气量和原油分离的伴生气量不断增加，原有的精馏装置已经不能满足生产的需要。为了进一步提高液化气的回收率，创造更高的经济效益，涠洲终端提出对轻烃回收装置进行优化改造，以提高天然气的回收率。

经过详细分析研究，发现轻烃回收装置的回收率不高主要有两个原因：一是轻烃回收装置中的两座精馏塔的回收效率不高；二是脱乙烷塔的塔顶温度较高，使部分液化气组分没有被冷却成液态而从塔顶跑失。

针对以上问题，改造方案主要提高两座精馏塔回收率和在脱乙烷塔的塔顶增设一个冷却器。改造方案经专家论证之后认为可行，经详细设计、施工准备、精心组织，改造方案于 2003 年 8 月 6 日实施，历时两个月完成全部改造工作。

改造后整套轻烃回收装置采用先进的乙烷塔和丁烷塔工艺设计，增大吸收塔的直径，改变塔盘的吸收模式，同时装置中增加一套回流罐和回流泵，以及增加一套丙烷冷却器，使轻烃回收装置的操作弹性大，气体中的丙烷回收率达到 95% 以上，液化气产量比原来增加 20%。从脱乙烷塔顶跑失的液化气得到有效回收，塔顶气组分中的 C3 从改造前 15.790% 降低到 0.05%，从而增加了 LPG 的产量。在油气来料相同的条件下，轻烃回收装置改造后使 LPG 产量增加 49.5m³/d，轻油产量增加 46.5m³/d。按 LPG 当时的市场价 3000 元/吨计算，一年就可收回全部改造投资，具有很好的增产、增效效果。

7.3.4　巧用搭桥术使油田群稳产、增产、增效又降耗

在现场生产作业过程中，涠洲 12-1 油田及涠洲 11-1 油田多次采用"搭桥术"来达到保障油田群稳产、增产、增效、降耗的目的。

1. 搭桥术案例 1

涠洲 12-1 油田投产之初，按照当时北部湾油田群的原油输送设计流程，从涠洲 11-4 油田海管输送来的原油要经涠洲 12-1 油田平台转输才能到达涠洲终端处理厂。那么涠洲 12-1 油田一旦发生生产关断，就会导致涠洲 11-4 油田同步停产。为了避免这种状况，涠洲 12-1 油田的生产者们经过反复分析研究，实施了"搭桥手术"。即在平台上岸海管增加一个旁通连线，使原来两个油田海管的串联结构变成即可串联又可并联的结构。实行正常生产运行时以串联方式输送，在涠洲 12-1 油田应急生产关断或停产时以并联方式输送。同时对其他新增油田（如涠洲 12-1N、涠洲 6-1 和涠洲 11-1）来油海管也采取如此"搭桥"方式，保证在涠洲 12-1 油田停产时油田群其他油田海管来油能顺利转输到涠洲终端。从而提高涠洲油田群生产的时效和稳定性，10 年来生产运行状况良好。

2. 搭桥术案例 2

涠洲 12-1 油田的天然气处理的最初设计是必须经过两级压缩才能到涠洲终端，而且必须满足 $40 \times 10^4 m^3/d$ 的量二级压缩机才能启动。而涠洲 12-1 油田是采用边完井边投产

的策略，刚开始投产 4 口井，产气量有限，因此在气量不足的情况下，二级压缩机无法启动，天然气就无法送到涠洲终端，也就无法有效利用，只能放空烧掉，因而会造成大量的浪费。最终涠洲 12-1 油田的生产者们又提出一个方法，再次使用"搭桥术"，即从一级压缩机出口引出一个旁通，不经过二级压缩机外输至终端。因为一级压缩机只要 $20 \times 10^4 \mathrm{m}^3/\mathrm{d}$ 的气量就可以启动了，这样节约了大量的天然气，减少了放空量。在实际生产中，该旁通还产生了很多意想不到的效果，在二级压缩机突然关停之后，一级压缩机还继续保持外输，保证了为涠洲终端供气的连续性。

3. 搭桥术案例 3

涠洲 11-1 油田投产后输送到达涠洲 12-1 油田的气量很大。涠洲 12-1 油田的生产者们又萌发了新的想法，即在涠洲 11-1 油田来气捕集器的气出口增加连接一条管线至涠洲 12-1 平台发电机燃料气系统，使涠洲 12-1 油田发电机的燃料气系统多一个供气源，实现供气双保险，确保油田发电机用气的安全连续。在涠洲 12-1 油田发生应急关停或停产大修的情况下，可用涠洲 11-1 的天然气供给发电机，减少每台发电机无气用时需耗柴油 $20 \mathrm{m}^3/\mathrm{d}$，从而达到提高发电供气保障和节约发电耗油成本。

4. 搭桥术案例 4

为实现涠洲 11-1 油田的顺利投产，作为涠洲 11-1 油田的下游，涠洲 12-1 油田又提出一个创新之举，即从涠洲 12-1A 平台的一级分离器(高压)的气出口引一条 1"的补压管线到涠洲 12-1PAP 捕集器(收集 W11-1 的来油)。这是之前的设计中没有的，这同"搭桥"管路实现了 PAP 捕集器和涠洲 12-1A 一级分离器的压力互补，尤其是在涠洲 11-1 油田初启动的时候，可以长期保持 PAP 捕集器的压力稳定，而不需要氮气补压，在涠洲 11-1 油田停产大修再恢复生产的时候也起到同样的作用。

当然，每一个旁通都不是随意加的，而是经过了仔细考虑、详细论证之后才提出来的，之后还有很多细节的工作要做。例如，工艺线路的设计、压力控制的设计、逻辑控制的改变等，只有等所有的工作完成之后，这个旁通才可以使用。

类似的创新实践还有很多，例如，涠洲 12-1 油田油井管理中的非常规气举、电网的优先脱扣改造，涠洲 11-4 油田的测试撬块流程优化，涠洲终端厂的化学需氧量(chemical oxygen demand，COD)改造、涠洲 11-1 油田为适应地下油藏变化所作的管汇改造等，在实际生产中实现油田稳产增产、安全保障和环保质量，产生了良好的经济效益。

第8章　节能减排技术

近几年，随着我国经济的快速增长，各项建设取得巨大成就，却付出了巨大的资源和环境方面的代价，经济发展同资源环境的保护间的矛盾日趋尖锐。为响应国家节能减排的号召，中海油湛江分公司一直致力于改善环境保护与经济发展之间的矛盾。近几年来，在涠西南区块分别开展了油田群节能技术、污水回注减排技术、天然气综合利用技术等技术研究与应用，且各项节能减排技术在现场应用效果很好，可以为其他海上油气田甚至是陆上油气田的节能减排提供借鉴。

8.1　涠西南油田群节能技术及应用

为确保各个平台安全供电和连续生产作业，涠西南油田群通过海底电缆对油田群电站进行电力组网，提升了发电机组的效率，极大地节约了能源。并设计了涠西南油田群电网能量管理系统(EMS)。

8.1.1　涠西南油田群用能现状及节能思路

涠西南油田群海域油气资源非常丰富，目前石油天然气年产量达 $150 \times 10^4 \, \mathrm{m}^3$ 以上，预计到 2010 年将达到 $325 \times 10^4 \mathrm{m}^3$。现已建有四个海上平台电站和涠洲岛终端处理厂电站(WZIT)，其中平台电站涠洲 12-1、涠洲 11-4、涠洲 11-4D 和涠洲 11-1 装机容量分别为 $3 \times 4281 \mathrm{kW}$(燃气机组，下同)、$3 \times 3040 \mathrm{kW}$、$2 \times 2365 \mathrm{kW}$ 和 $2 \times 2834 \mathrm{kW}$，涠洲岛终端处理厂电站装机 $4 \times 4281 \mathrm{kW}$，各电站各自独立为该油气田的中心平台、井口平台提供电力，海上平台与涠洲岛之间不存在电力联系。而且各电站发电机都是双燃料机组，可以使用柴油和天然气作为燃料，天然气为涠洲 114D 和涠洲 121 等油田的气井气和伴生气。涠西南油田群电站分布如图 8-1 所示。

为了确保各个平台的安全供电，单个电站电网在运行过程中必须保留足够的热备用量，这就使各平台电站机组的负载率相对较低(约为 45%)，也必然导致满足整个涠西南油田群油气生产发电机的开机台数较多，造成资源浪费。

通过前期的调研和技术研究，认为通过 35kV 的海底电缆将涠西南油田群电站进行电力组网形成小型电力网络，使其所有的负荷由挂在电网中的发电机组供电，可以有效减少发电机开机台数，增加单台发电机组的负荷率，提升发电机机组效率，并降低透平发电机的损耗，从而节约能源。

经过初步测算，在进行电力组网后，满足涠西南油田群目前所有平台生产负荷的发电机的数量可以由 7 台减少到 5 台，发电机组的负荷率提高到 60%，即可满足现有负荷需求。仅此一项，每年就可以节能 11283t 标准煤[①]。随着电力组网区域的扩大，节能效益将会更进一步增加。

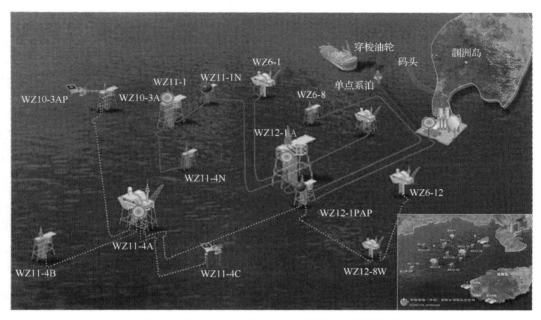

图 8-1　涠西南油田群电站分布详图（文后附彩图）

同时，通过电力组网可以提高电网的抗冲击性，从而大大提高电站的供电可靠性，进一步确保油气田的正常生产；通过电力组网，还可以实现电力的互备互用，提高涠西南油田群闲置资产的利用率，有效降低边际油田的开发成本，为涠西南油田群的滚动开发和区域性开发提供新思路。

8.1.2　涠西南油田群电力组网介绍

根据涠西南油田群油气开发现状和滚动规划发展的需要，作为第一步，本项目仅考虑涠洲岛终端处理厂（WZIT）与涠洲 12-1、涠洲 11-1 平台电站组网，给新涠洲 11-1N 平台提供电力。暂不考虑涠洲 11-4、涠洲 11-4D 平台及其他平台组网供电，待取得经验后再予以滚动发展，但在该次电网组建时留有一定发展扩容的空间。

1. 电力组网电压等级的选择

综合考虑各平台装机、负荷与距离等因素，设计对 35kV 及 110kV 两种电压等级进行了论证比较。

技术方面，考虑正常情况下各平台电源均有开机，线路输送潮流很轻，各平台间联络线路均为电缆，轻载时充电功率较大，将导致受端电压高于送端，而线路充电功率与电压等级的平方成正比，110kV 充电功率是 35kV 的近 9 倍；经济性方面，35kV 电源绝

---

① 标准煤亦称煤当量，是具有统一热值标准的能源计量单位，我国规定每千克标准煤热值 7000 千卡（2927.1kJ）。

缘要求远低于 110kV，其线路及变电装置造价仅为 110kV 的 1/3～1/2。

因此，组网主干线路电压等级采用 35kV。而考虑到涠洲 11-1 与涠洲 11-1N 平台电站的交换功率小、距离短的特点，同时为避免涠洲 11-1 平台结构过载，涠洲 11-1 与涠洲 11-1N 平台电力系统之间电网电压等级仍采用 6kV。

2. 电力组网方案设计

1）电力联网总体规划

项目首先进行 WZIT、涠洲 12-1、涠洲 11-1N、涠洲 11-1 平台之间的组网，其中涠洲 11-1N 平台利用各平台的备用发电容量，不配置发电机组，使电力组网直接产生效益。涠西南油田群电力组网方案如图 8-2 所示，其中平台之间千米数为海缆长度。

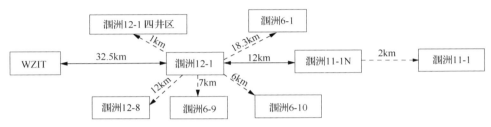

图 8-2　油田群电力组网示意图

2）海底电缆截面选择

经过技术经济比较，并考虑到后期滚动开发的电力需求，一期工程中涠洲岛终端与涠洲 12-1 平台之间采用 $3 \times 185 mm^2$ 截面电缆；涠洲 12-1 与涠洲 11-1N 之间采用 $3 \times 95 mm^2$ 截面电缆；涠洲 11-1 与涠洲 11-1N 之间采用 $3 \times 150 mm^2$ 截面电缆。图 8-3 为海底电缆截面示意图，表 8-1 为海底电缆截面上各个部分的尺寸数据表。

3）主变压器选择

涠洲岛终端配置两台、涠洲 12-1 及涠洲 11-1 平台各配置一台 12500kV 有载调压变压器。

图 8-3　海底电缆截面示意图

表 8-1 海底电缆截面各部分的尺寸数据

序号	材料名称	标称厚度/mm	标称外径/mm
1	铜导体+阻水带		16.2±0.1
2	导体半导体电屏蔽	0.8	17.8
3	XLPE 绝缘	10.5	38.8
4	绝缘半导电屏蔽	1.0	40.4±0.5
5	半导电阻水带	1×0.5×40	414±0.5
6	合金铅套	2.2	45.8±0.5
7	防腐层+PE 套管	0.3+2.6	51.6±1.5
8	填充条·成缆外径		111.1
9	涂胶布带	2×0.2×70	112.3±1.5
10	PP 绳+沥青·内衬层	2.0	115.3±2.0
11	钢丝铠装	$\Phi6.0×61$	127.3±2.5
12	PP 绳+沥青·外被层+包带	4.5	136.4±3.0
13	不锈钢管海光缆单元	2 组×12 芯海光缆	外径 $\Phi12.5$

4）电气主接线及接地方式

35kV 的采用单母线或单母线分段接线，6kV 的采用单母线分段接线。接地方式均通过消弧线圈接地。35kV 的出线、主变断路器均为同期点。

8.1.3 电力组网中几个关键技术问题

1. 励磁涌流解决方案

为解决变压器空载合闸时最大励磁涌流为额定电流的 6～10 倍的问题，经多方案比较和论证，采用涌流抑制器的解决方案。即在主变压器高压侧配置涌流抑制器，该抑制器通过变压器断电时电压的分闸相位角获知磁路剩磁的极性，下一次合闸时选择在相近的相位角，从而避免变压器铁心磁通的突变产生励磁涌流。

2. 海缆充电功率大解决方案

由于全部采用海缆线路组网，在轻载状态充电功率较大。该设计在涠洲岛终端配置（2×1.5）Mvar +1Mvar 电抗器组予以补偿。在负荷较大、电压较低时将电抗器予以切除。

3. 海缆并网运行中的发电机自激问题解决方案

为解决单台发电机带电缆线路时引起的发电机自激问题，采用两台发电机组同时带电缆线路或并网时投入电抗器运行的措施。

4. 电网对发电机、海缆继电保护的要求

通过电网故障仿真计算表明，联网后组成的小系统切机或切负荷对发电机组运行频率影响较大，需装设高周切机装置在频率高于 52Hz 时切除发电机组。在海缆方面，一

旦出现单相或两相断线，必须快速切除电缆，否则将引起故障相电压升高至额定电压 2.4 倍左右。

上述要求可由机组及海缆常规的继电保护装置实现。

5. 电网安全稳定控制解决方案

油田生产对电网的安全稳定控制要求如下：①正常运行时，在各平台发供电负荷基本平衡基础上，维持电网频率及潮流在规定水平；②在电网故障情况下（平台与电网解列或退出机组运行），要求保证平台重要负荷的供电；③要求保持目前每平台 2～3 名电工的人员配备，组网不能增加电气运行维护人员的岗位。

陆上电网由 SCADA/EMS 系统完成电网频率及联络线功率交换的控制、由在线安全稳定控制系统（以下简称"在线安控系统"）完成故障情况下电网的稳定控制、由电站综合自动化系统提升电站自动化水平以减少运行人员配置。这些系统对于油田群孤立小电网显得庞大而复杂，不仅投资大，还需配备大量的运行维护人员。该设计提出了集上述三个系统功能为一体的能量管理系统（EMS）解决方案，很好地满足了油田群电网安全稳定控制的需要。

8.1.4　涠西南油田群电网能量管理系统(EMS)设计

1. 与陆上电网 EMS 的不同点

1) 自动化程度要求高

油田群电网只是石油生产的辅助系统，不能像陆上电网配置调度机构和人员。各平台发、供电设备的监控、负荷的管理及平衡等陆上电网可由调度和值班人员完成的工作，在此均须由高度自动化的 EMS 系统来承担。

2) 功能高度集成化

电网的全部监视、控制需由一个系统来完成。因此 EMS 系统功能需包括 SCADA/EMS、在线安控和电站自动化三个功能应用群。

3) 通道速率要求高

EMS 系统的在线安控功能信息传输实时性为毫秒级，陆上电网 EMS 系统实时性为秒级。因此传统的厂站与主站系统之间的调度数据网络、专用通道已不能满足信息传输要求，要求具备更加高速可靠的通道。

2. EMS 功能需求

1) 中心站 SCADA/EMS 功能

SCADA/EMS 主要功能有：数据采集和安全监视（SCADA），发电调整和控制（AGC），电压调整和控制（AVC）等。

上述功能在涠洲岛终端电站自动化系统基础上配置 EMS 工作站来实现，不独立设置主站系统。

2）在线安控功能

在线安控在本电网中主要为优先脱扣功能，要求 EMS 系统在电网或平台电站故障情况下，紧急制定相应的优先脱扣方案并实施。

优先脱扣对象为注水增压泵及注水泵等辅助生产设备的 6kV 回路。它们负荷占平台总负荷的 30% 左右，且允许短时停电。

根据计算，优先脱扣要求有较高的实时性。在故障情况发生后 6 个周波时间（120ms）内 EMS 应可靠动作（故障发生到 EMS 系统优先脱扣 I/O 继电器出口的时间，不包括断路器分闸时间），以保持电网的稳定。

3）电站自动化系统功能

类似陆上电厂综合自动化系统，涠西南油田群电网要求集保护、测量、控制和远动等功能为一体，除一般监控外还实现下列功能：①发电机组的监视和控制；②断路器监视和控制；③站内无功功率、无功功率出力的分配调节；④电网（机组）旋转备用的计算、管理及实施；⑤电动机回路启动管理；⑥电网（电站）黑启动；⑦与平台"关断"系统的配合；⑧完备的报表、趋势和分析工具等当地控制等。

3. EMS 网络结构

EMS 网结构分为信息层、控制层和间隔层。控制层与信息层各采用整个电网一个双100M 网络的独特结构，以满足在线安控的实时性要求。具体详见图 8-4。

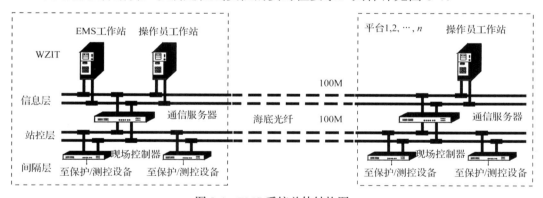

图 8-4　EMS 系统总体结构图

各层构成如下：①信息层，WZIT 的 EMS 工作站和工程师工作站、各站的主机/操作员工作站及相应的网络设备，其中各平台主机/操作员工作站经授权，可相互备用；②站控层，各平台的现场控制器、通信服务器及相应的网络设备，完成与间隔层、信息层设备的通信并实现在线安控、电站自动化等功能；③间隔层，各平台的继电保护测控装置、测控装置，完成各间隔的保护、测量及控制。

4. EMS 通道组织

EMS 的信息层、控制层分别采用两个由各平台之间的海底光纤复合电力电缆提供100M 光纤通道。

8.1.5 涠西南油田群电力组网实施情况

目前，涠西南油田群电力组网已实施，设备、海底光纤复合电力电缆都已经制造完毕，海上平台和 WZIT 终端电站的改造正在实施。油田群电力组网实施的难点是原来旧电站的改造及小功率机组的并网技术难度，另外由于海洋石油系统没有运行电网的先例，电网运行人员非常缺乏，运行操作规程、电网继电保护整定值计算等均需由设计单位或设备供货商配合制定。该项目于 2008 年下半年实现投产。

本书介绍了通过电力组网技术的应用为海上石油平台电站节能提供的新技术，解决纯电(海)缆小型孤立电网组网的诸多技术难题，也为海上石油平台的电源设备配置开辟了一个新的思路。

8.2 污水回注减排技术

为了保护海洋生态环境，减少对海洋环境的污染，中海油湛江分公司将海洋平台的采出水回注到地层。同时为了在回注污水时减少对储层的损害，对注入水强度、注入水水质等都有严格的要求。因此在注水前需要对注入水水质进行严格处理，并进行注入水与储层的配伍性实验研究。

8.2.1 污水减排技术对保护海洋环境的重要意义

2005 年及 2006 年，中海油自营油气田总共排放采出水分别为 $2778 \times 10^4 m^3$ 及 $2393 \times 10^4 m^3$，累计向海洋排放石油烃分别为 632t 及 520t，各分公司排放情况如表 8-2 所示。

表 8-2 中海油各分公司 2005 年及 2006 年石油烃排放统计表

分公司	采出水排放量/$10^4 m^3$		石油烃排放量/t	
	2005 年	2006 年	2005 年	2006 年
中海油天津分公司	652	676	72	86
中海油湛江分公司	663	924	148	195
中海油深圳分公司	1342	632	375	183
中海油上海分公司	121	161	37	56
总计	2778	2393	632	520

为保护海洋环境，中海油计划在"十一五"期间减少海上油田采出水中石油烃向海洋的排放量。中海油湛江分公司减排的工作重点放在北部湾涠洲油田，减排的方法是对涠洲油田实施采出水回注，减少石油烃的排放。

涠 11-4A 平台为油田中心平台，目前每天生产水约 $7900m^3$，油田进入高含水期，其中部分油井含水高达 98%以上。可利用部分高含水井进行生产污水回注，从而达到减排目的。计划每天减排 $3000m^3$。每年按 330 天及目前含油浓度 22mg/L 计算，减排的石油烃是 21.78t，可有效保护海洋环境免受污染。

8.2.2 污水回注对地层的伤害分析

注水过程中，回注的污水必然要与地层的岩石和流体接触，将会发生各种损害。损害的原因之一是注入水与地层岩石不配伍，二是注入水与地层的流体不配伍。

注入水与地层岩石不配伍表现为：①注入水造成地层黏土矿物水化、膨胀、分散和运移；②由于注水速度过快，引起地层松散微粒分散、运移；③注入水机杂粒径、浓度超标、堵塞孔道等。

注入水使地层黏土水化膨胀甚至分散运移是注水损害的重要原因之一。许多储层含有多达 10%~15% 的黏土矿物成分。其产状和微结构各异，当使用与黏土不相容的注入水时，会使油藏的孔隙度和渗透率降低。地层损害主要表现为：①黏土膨胀使孔喉通道变小或堵塞，黏土的机械运移(黏土微粒发生分散、运移)；②岩石矿物成分与注入水发生化学反应或化学沉淀等。注入水的注水速度与注水储层岩石结构的不配伍会产生速敏反应，地层岩石产生新的微粒并运移堵塞孔喉通道，造成地层损害。损害程度主要由能启动的地层微粒数量、粒度分布及与孔喉的级配、微粒的类型来决定。注入水中的机械杂质堵塞地层常表现为以下形式：①射孔孔眼变窄；②固相颗粒侵入地层在井壁带形成泥饼。机械杂质堵塞地层的严重程度是地层孔喉与机械杂质颗粒大小匹配关系的函数。机械杂质浓度愈高，地层堵塞愈严重，注水井的吸入能力衰减愈快。

注入水与地层流体不配伍主要表现在注入水与地层水不配伍，产生沉淀和结垢；注入水造成地层温度下降，也会产生有机垢。一般而言，离子浓度、pH、总含盐量、溶解度、温度、压力、接触时间和搅动程度对结垢都会产生影响。特别是注入水引起的大面积地温度下降，不仅使油变稠，使流动阻力增加，而且常导致有机垢、无机垢同时产生，堵塞地层。油田常见的水垢如表 8-3 所示。结垢是油田水水质控制中遇到的最严重问题之一。结垢可以发生在地层和井筒的各个部位。有些沉淀以悬浮颗粒的形式存在，在流

表 8-3 油田常见水垢

名称		化学式	结垢的主要因素
碳酸钙(碳酸盐)		$CaCO_3$	CO_2 的分压力、温度、总溶盐量
硫酸钙	石膏(最常见)	$CaSO_4 \cdot 2H_2O$	温度、总溶盐量、压力
	半水合物	$CaSO_4 \cdot 1/2H_2O$	
	无水石膏	$CaSO_4$	
	硫酸钡	$BaSO_4$	温度 总溶盐量
	硫酸锶	$SrSO_4$	
铁化合物	碳酸亚铁	$FeCO_3$	腐蚀、溶解气体、pH
	硫化亚铁	FeS	
	氢氧化亚铁	$Fe(OH)_2$	
	氢氧化铁	$Fe(OH)_3$	
	氧化铁	Fe_2O_3	

动中堵塞孔喉通道，有的也可能在储、渗空间岩石表面结成固体的垢，减少孔隙通道有效横截面，甚至会完全堵死孔道，从而损害地层。

综上所述，由于水质所引起地层损害包括两个基本因素：被注地层自身的岩性与其所含流体特性；注入水的水质。前者是客观存在的，是引起地层损害的潜在因素，而后者是诱发地层损害发生的外部因素，可以通过主观努力进行控制，因此，控制注入水水质、采用合理注水强度，平稳注水是减少注水损害的技术关键。油田常见水垢如表 8-3 所示。

8.2.3　注水保护技术

1. 建立合理的工作制度

在临界流速下注水。室内速敏实验已求出地层的临界流速，根据该流速可以计算出与之相应的生产中注水临界速度。一般而言，只要控制注水速度在临界流速以下，便可防止速敏损害发生。

控制注水、注采平衡可以有效地防止水指进或减缓指进、水锥的形成，防止乳化堵塞，提高驱油效果。

2. 控制注水水质

前面已经讨论了要控制注入水引起的地层损害，必须从控制注入水水质入手，因此注入水入井前要进行严格的注入水水质处理。

注入水水质是指溶解在水中的矿物盐、有机质和气体的总含量，以及水中悬浮物含量及其粒度分布。水质指标可分为物理指标和化学指标两大类。通常物理指标是指水的温度、相对密度、悬浮物含量及其粒度分布、石油的含量。注入水的化学指标是指盐的总含量、阳离子(如钙、镁、铁、锰、钠和钾等)的含量、阴离子(如碳酸氢根、碳酸根、硫酸根、氯离子、硫离子)的含量、硬度与碱度、氧化度、pH、水型、溶解氧、细菌等。对于某一特定的地层，合格的水质必须满足注入水与地层岩石及其流体相配伍的物理和化学指标。

一般注入水满足以下要求：①机杂含量及其粒径不堵塞喉道；②注入水中的溶解气、细菌等造成的腐蚀产物、沉淀不造成地层堵塞；③与地层水相配伍；④与地层的岩石和原油相配伍。

但要强调的是，不同的地层应有与之相应的合格水质，切忌用一种水质标准来对所有不同类型的地层的注入水水质进行对比评价。

3. 正确选用各类处理剂

各种水处理添加剂如防膨剂、破乳剂、杀菌剂、防垢剂、除氧剂等，大多都具有表面活性。在注水水质预处理时应考虑两个原则：①选用每种处理剂时，严格控制该剂与地层岩石和地层流体的相溶性，防止生成乳状液及沉淀和结垢，损害地层；②同时使用几种处理剂时，严格控制处理剂相互之间发生的化学反应，防止生成新的化学沉淀，从而损害地层。

大庆油田、胜利油田、鄯善油田、江汉油田等陆地油田都成功地进行污水回注，既解决污水出路问题，又有利于保持地层能量、提高采收率。因此，对陆地油田而言，污水回注工艺技术是一项成熟的技术，比较容易实现。

但在海上采油平台，平台空间限制是污水回注技术应用的障碍。目前进行污水回注的工艺技术主要有地面注水泵回注及井下电潜泵回注工艺技术。

分析目前涠洲油田生产状况，涠洲 12-1 油田地质情况复杂，不宜作为污水回注工作的起点。涠洲 11-4A 平台油井已处于高含水期，可从中选取合适的井作为回注井，同时可利用平台旧注水系统的空间安装新的污水回注设备，因此选择涠洲 11-4A 平台作为污水回注工作的起点。

8.2.4　回注生产污水与地层配伍性研究

从涠洲 11-4A 平台水力旋流器之后取得生产污水样进行化验分析，结果如表 8-4 所示。

表 8-4　涠洲 11-4A 平台生产污水分析结果

阳离子		阴离子		其他	
名称	含量/(mg/L)	名称	含量/(mg/L)	名称	含量/(mg/L)
K^+	319	Cl^-	14650.32	CO_2	35.89
Na^+	7560	SO_4^{2-}	1120.56	固型物	25.0
Ca^{2+}	889.71	HCO_3^-	404.88		
Mg^{2+}	210.16				
总量	8978.87	总量	16175.76		

注：总矿化度为 25154.63mg/L（$CaCl_2$ 水型），pH 为 7.6。

从上表看，固形物含量达到 24.24mg/L，相当于 24.24g/m^3 或 24.24kg/1000m^3，如果每口井日注入量达到 1000m^3，就是要向地层注入 24.24kg 的固形物质，远高于国家污水回注指标的 5~10mg/L（针对涠洲 11-4 油田渗透率标准），所以必须重新制定该油田的污水回注指标。

1. 回注生产污水对地层的敏感性研究

通过取岩心，再分别做速度敏感性、碱敏性、盐敏性、温敏性实验，分析研究如下结论。

(1) 仅从实验结果分析，没有速度敏感，这是由于岩心短、微粒被冲出的缘故。如果是注水井，则是从井筒往地层注入，会有速度敏感出现。

(2) 碱敏损害程度为 17.83%~33.29%，属于弱-中等偏弱的碱敏。所以只要在污水中加入的添加剂不引起污水 pH 超过 7.5，就不用担心碱敏问题。

(3) 只要回注污水的矿化度高于 47951.92mg/L，或低于 4795.192mg/L，都会发生盐敏损害，损害程度为 20% 左右。而实际地层水的总矿化度为 23975.96mg/L，因此不会发生水敏损害。

（4）热水注入地层引起的温度敏感损害较大，为 33.02%~35.31%，属于中等温敏，说明热水进入地层引起岩石膨胀，从而使渗透率下降。因此，最好的处理办法是将污水冷却到 60℃ 左右再回注到地层。

2. 回注生产污水对地层的固相伤害研究

通过改变回注污水的固相含量做地层污染实验，得到以下结论。

（1）当实际回注污水的固相含量低于 8.080mg/L 时，损害很小。

（2）在同样的固相含量情况下，污水中含油浓度越低，渗透率损害越小。

（3）对实际污水的分析结果表明，大于 149μm 的固形物含量 6.4%，小于 37μm 的固形物含量 4.4%，绝大部分集中在 37~105μm 的范围，该尺寸范围是容易过滤除去的。

（4）固相含量 8mg/L、含油 25mg/L、颗粒直径为 10μm 的污水对油层的长期注入损害污染很小，可以满足简易水质标准的要求。

3. 涠洲 11-4 油田生产污水回注水质标准

通过以上研究，得到涠洲 11-4 油田生产污水回注水质标准，见表 8-5。

表 8-5 涠洲 11-4 油田污水回注简易标准

项目	涠洲 11-4 油田推荐水质指标	SY5329-94 标准
pH	注入水的 pH ≤7.5	6.5~8.5
最高矿化度/(mg/L)	低于 47951.92	无
最低矿化度/(mg/L)	高于 4795.192	无
温度要求	降温引起的渗透率伤害小、升温反而引起地层损害，最好是回注污水冷却到 60℃ 左右再回注到地层	无
最高固相含量(机杂浓度)/(mg/L)	固相含量低于 8.080	≤5~10
最高固相颗粒尺寸/μm	固相颗粒尺寸小于 10μm	≤3~4
最高含油量/(mg/L)	25	≤15~30
细菌指标	因为是简易指标，不做规定	

8.2.5 回注井注水参数设计

涠洲 11-4 油田选择 WZ11-4-A7 井为生产污水回注井。

各油组压力系数为 1.01~1.05，属正常压力系统，地温梯度为 5.324℃/100m。

地层中部平均温度为 71.56℃；总厚度（垂厚）为 10.76m；加权平均渗透率为 $907.03 \times 10^{-3} \mu m^2$；平均垂深为 968.46m；平均地层压力为 9.975MPa。

地层破裂压力 $0.017 \times 968.46MPa \approx 16.46MPa$。

根据实验结果，注水逐渐产生的损害是非常大的，从控制注水压力（防止压裂地层）的角度来看，只要达到一定的井口压力和日注入水量就表明需要进行酸化解堵。

WZ11-4-A7 井采用 73mm 油管注水，日注水量为 1000m³、井口压力达到 5MPa 时，此时综合表皮系数(射孔＋注水污染)接近 10，需要解堵。

根据平台设备状况，从平台污水处理流程取水，采用地面注水泵的注入方式，井下注水管柱不需要设计水嘴，光油管笼统注水。

8.3　天然气综合利用技术

天然气作为一种高效、优质、清洁的能源，其用途越来越广泛，需求量不断增加。天然气的利用可分为两类，即能源和原料，可形成发电、化工原料、工业燃料、民用燃气。

北部湾油田群天然气主要是油田的伴生气，在地层中溶在原油里，或呈气态与原油共存，随原油同时被采出。涠洲 11-4D 油田、涠洲 11-4 油田、涠洲 12-1 油田、涠洲 11-1 油田、涠洲 6-1 油田等在生产油田伴生气产量达 $3 \times 10^8\,\mathrm{m^3/a}$。

由于海上油田生产开发的特点是高风险、高成本，海上油田对油田伴生气的通常做法是将其直接放空或排放到火炬燃烧，而湛江分公司通过科研与实践最大限度地利用了伴生气这一宝贵资源。除通用做法将天然气用于锅炉燃料、透平发电机发电外，主要将天然气综合利用在液化气回收、生产炭黑、生产液化天然气和回注地层提高采收率等方面。

8.3.1　液化气回收技术

北部湾油田群油田伴生气富含 C_3、C_4，其物质的量分数达 13%左右。液化气回收的原理，是利用天然气中不同组分的沸点和泡点的不同，将需要的组分蒸馏出来。

主要工艺：经过分离器、分子筛等设备对天然气进行除液、脱水、除粉尘，利用丙烷制冷和膨胀制冷提供冷量，分别将天然气的 C_1、C_2、C_3、C_4 组分冷凝下来，再通过脱乙烷塔、脱丁烷塔蒸馏出乙烷和液化气。轻烃回收系统的核心部分是精馏系统，其主要包括脱乙烷塔及其附属设备和脱丁烷塔及其附属设备。通过不断地创新与改造，中海油涠洲终端处理厂轻烃回收改造设计中精馏系统的液化气回收率达到了 99.91%，整个轻烃回收装置液化气回收率达到了 96%，生产操作平稳，产品优良。

主要工艺流程：该系统主要设备包括丙烷压缩机、膨胀压缩机、脱乙烷塔、脱乙烷塔顶回流罐、脱乙烷塔顶冷凝器、脱乙烷塔底回流泵、脱乙烷塔底换热器、脱丁烷塔、脱丁烷塔顶回流罐、脱丁烷塔顶冷凝器、脱丁烷塔底回流泵、脱丁烷塔底换热器。自气处理系统冷分离单元的一级低温分离器中分离出来的冷凝液(温度－34℃)作为脱乙烷塔的下段进料进入脱乙烷塔，而自气处理系统冷分离单元的二级低温分离器(V-B42)中分离出来的冷凝液(温度－60℃)作为脱乙烷塔上段进料进入脱乙烷塔，塔顶温度控制在－20℃，压力 1.65MPa，塔顶分离出的 C_1、C_2 馏分经脱乙烷塔顶冷凝冷却器冷凝冷却到－32℃后，再进入脱乙烷塔顶回流罐，冷凝液全部作为塔顶回流由脱乙烷塔回流泵抽出加压到 2.1MPa 后打回塔顶部；塔顶回流罐的不凝气则作为气相产品送至全厂天然气管网；塔底热源由脱乙烷塔底重沸器供给，温度控制在 63℃，脱乙烷塔底液烃作为脱丁塔的一股进料自脱乙烷塔底自压进入脱丁烷塔，而来自原油稳定塔和中压单元的重烃，则作为脱丁烷塔的第二股进料进入脱丁烷塔，塔顶温度控制在 57℃，压力控制在 1.15MPa，塔顶分离出的 C_3、C_4 馏分自塔顶出来进入脱硫单元；脱硫后的塔顶气自脱硫单元进入脱丁烷塔顶冷凝冷却器，冷却到 40℃后进入脱丁烷塔顶回流产品罐，其冷凝液由脱丁烷塔回流产品泵增压至 1.6MPa 后，一部分作为回流打回脱丁烷塔的顶部，另一部作为液化气产品；脱丁烷塔底热源由脱丁烷塔底重沸器供给，温度控制在 153℃，塔底馏分油回原装置闪蒸塔后，冷却至常温后作为轻油产品送至轻油储罐。

生产规模：天然气处理能力为 $60×10^4m^3/d$；生产液化气为 $300×10^4～450×10^4m^3/d$；生产轻烃 200m^3/d。

天然气冷却分离工艺如图 8-5 所示，液化气生产工艺如图 8-6 所示。

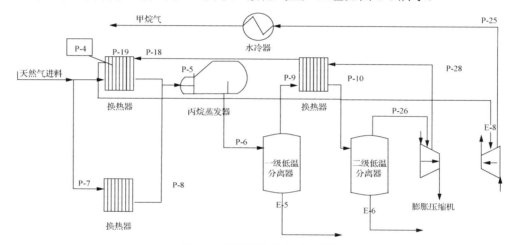

图 8-5　天然气冷却分离工艺图

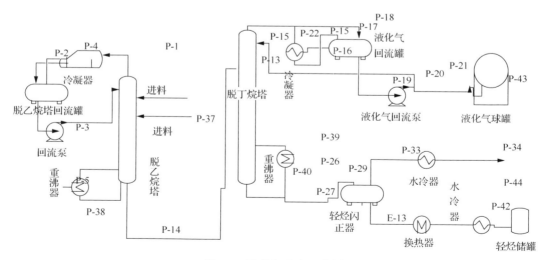

图 8-6　液化气生产工艺图

8.3.2 炭黑生产技术

回收液化气、轻油后，油田伴生气主要是甲烷和乙烷气，一部分乙烷气用于透平发电，剩下乙烷混合在甲烷气里。然后以甲烷气为原料生产炭黑。

炭黑是天然气在高温下不完全燃烧或热裂解所生成的黑色微颗粒状物质，其主要成分为碳，但也含有少量或微量的氢、氧、硫等元素，粒径为 10~400nm，即粒子大小处于胶体范围内。

炭黑有多方面的用途，其产品有几十种甚至上百种，每种炭黑均有相当严格的物理化学指标。炭黑最主要的用途是橡胶补强，其用量占炭黑总量的 90%以上；炭黑混入橡胶中大大提高了其使用性能。我们生产的炭黑就是这种半补强炭黑。

(1)生产规模：每天消耗天然气 $20 \times 10^4 \, m^3$，生产炭黑能力为 $1.05 \times 10^4 \, t/a$，产品质量名列全国前茅，产品供不应求。

(2)生产工艺：天然气与空气的混合物在反应炉内燃烧所产生的热量供其裂解而得到炭黑，装置的主要工艺参数示如表 8-6 所示。

表 8-6 装置的主要工艺参数

天然气/空气	炉温/℃	高温区停留时间/s	火嘴箱压力/kPa	滤袋负荷/[$m^3/(m^2 \cdot min)$]
1/4~4.5	1250~1350	4~6	13.3~40.0	1.0~1.2

(3)炭黑产出率：每吨炭黑消耗天然气 6700~7100m^3。

8.3.3 液化天然气技术

基于除炭黑后生产天然气的剩余量不足以铺设海管至北海或海南，以及涠洲岛缺乏淡水资源不宜生产甲醇产品，已有的轻烃回收装置已经将天然气预处理得非常彻底，液化天然气工艺就更简便、有利。综合考虑其他因素，采用液化天然气的方式是最佳的选择。

天然气经预处理，脱除重质烃、硫化物、二氧化碳、水等杂质后在常压下深冷到 -162℃液化，即成液化天然气(LNG)，这是天然气以液态存在的形式，其体积为气态时的 1/600。LNG 体积小，适合于用船运输，LNG 运输成为天然气除管道外另一种重要运输方式。

天然气液化生产能力：每天液化天然气 $15 \times 10^4 m^3$，经天然气液化储罐储存再泵入槽车，用船运至北海陆地终端，终端再将液化天然气汽化后输送给终端用户。

第9章 工程管理体系

在公司规范管理逐步走向完善的背景下，整合企业内外的各种资源，建立完善的工程项目管理体系。在理顺公司项目管理控制方法的基础上，以企业发展战略为指导方针，改进钻井公司原有的项目管理体系，优化现有项目管理控制方法、设计公司的项目组织结构，从项目风险、成本和进度控制管理入手，构建系统的钻探井工程项目管理体系，提高项目管理效率和效益。涠西南区域应该重点从组织结构、风险管理、进度管理、成本管理四个方面进行改善。在组织结构方面，优化钻井公司项目组织结构，合理设置项目成员。在项目进度控制方面，优化现有项目进度计划方法，提高项目进度计划的执行力；改变原有项目进度控制随意性较大的情况，在日费制项目组内建立一套有效的项目进度控制办法；解决日费制项目管理中健康-安全-环境（HSE）应该如何实行的问题，明确 HSE 在日费制项目管理、绩效评价体系中的作用。在项目风险管理方面，改善公司现有的风险识别和控制方法；进行有针对性的员工培训，为钻井公司建立有效、系统的 HSE 培训机制。在项目成本管理方面，建立清晰的项目责、权、利分配和执行机制，使企业具有清晰的可执行标准；加强项目领导层成本管理的意识。

9.1 涠西南区域发展规划

区域资源统筹是一体化开发的关键环节，遵循"以勘探规划为基础、以油气产量规划为主线、以工程建设为保障、以综合经济效益为目标"的原则。具体来讲，区域资源统筹分"三步走"战略。首先，以勘探重点目标为基础，合理考虑区域内及其周边潜力资源；其次，结合产量规划及周边已有生产设施能力，完成资源向储量的转化；最后，借鉴相似油田采油速度和年递减率进行产量预测，落实区域产量规模，实现区域科学合理规划。

9.1.1 勘探规划

1. 涠西南具备建成年产 $400 \times 10^4 m^3$ 所需资源基础

1) 建成 $400 \times 10^4 m^3/a$ 的所需的探明储量

据统计，至 2008 年 2 月，涠西南已发现原油探明储量为 $1.95 \times 10^8 m^3$（三级地质储量约为 $3.6 \times 10^8 m^3$），除正已开发的 5 个油田外，还有 13 个油田/含油构造待开发。在现有的基础上，按原油的平均采收率 25%推算，该区域建成年产 $400 \times 10^4 m^3$ 在 2009～2020 年期间共还需新增探明地质储量为 $2.5 \times 10^8 m^3$。若考虑到该地区开发技术的提高(注气开发、低渗油田开发技术、复杂断块开发技术等)，该地区的采收率可望进一步提高，因此，涠西南区域建成 $400 \times 10^4 m^3/a$ 的所需的探明储量 $2.5 \times 10^8 m^3$ 有一定的抗风险能力。

2) 涠西南区域原油探明储量分析

北部湾涠西南凹陷为富烃凹陷,其不同构造、沉积背景具有不同的地层分布、储盖组合、圈闭类型,也具有不同的油气运聚特征,但总体具有纵向叠置、横向连片的复式聚集特征,整个涠西南凹陷满凹含油,实际上是一个面积为 $1500km^2$ 的油田。

据研究中心张宽(2011)用"圈闭法"的新一轮资评结果,涠西南可探明地质储量 $3.3×10^8t$(约 $4×10^8m^3$);而据黄保家等(2002)用新一轮"盆模法"的模拟预测结果,流沙港组总生烃量为 $114×10^8t$,资源量为 $11×10^8t$(约 $139×10^8m^3$),推测涠西南油田可探明地质储量为 $4×10^8 \sim 9×10^8m^3$。根据与类似盆地探明率的类比(表 9-1),认为只要保证足够的工作量,该区探明率可达 $50\% \sim 67\%$,而目前该区的探明率仅为 17%。综合分析认为,该区总的可探明地质储量为 $6×10^8 \sim 8×10^8m^3$ 以上。

表 9-1　可探明地质储量

盆地或拗陷	面积 /km^2	远景资源量 /10^{3}t	地质资源量 /10^{3}t	单位面积地质资源丰度/(10^{3}t/km^2)	累计探明储量/10^{3}t	地质资源探明率/%	年产量 /10^{4}t	备注
辽河	7634	48	33.65	44.08	22.46	67	1283.4	2004 年数据
胜利	25230	100.16	78.02	30.92	45.24	58	2620.80	2004 年数据
准噶尔	99192	84.59	53.19	5.36	17.75	33	916.86	2004 年数据
渤海	49667	111.81	60.42	12.17	18.87	31	1412.01	2006 年数据
珠一	32883	29.7	11.57	3.52	5.78	50	>1000	2006 年数据
涠西南凹陷	1500	12.9	11.00	73.33	1.84	17	111.3	2007 年数据

根据目前的研究成果,推算 18 个未钻目标圈闭的资源量潜力约为 $4×10^8m^3$(表 9-2),可通过进一步滚动勘探和评价,有望再探明 $2.5×10^8m^3$。

表 9-2　18 个未钻目标圈闭的资源量

区带	序号	圈闭名称	石油潜在资源量/10^4 m^3
1 号断裂带	1	涠 5-9	2064
	2	涠 5-10	5630
	3	涠 6-2	2809
	4	涠 10-3W	1796
	5	涠 10-1	832
	小计		13131
2 号断裂带	6	涠 11-1s	207
	7	涠 11-1	1842
	8	涠 10-6	615
	9	涠 12-1W	3474
	10	涠 10-9	2572
	11	涠 11-1E	1531
	小计		10241

续表

区带	序号	圈闭名称	石油潜在资源量/$10^4\,m^3$
	12	涠 11-7S	852
	13	涠 11-7N	3187
3 号断裂带	14	涠 11-8S	2252
	15	涠 17-3	2971
	小计		9262
	16	乌 1-4	3629
东南斜坡	17	涠 12-5	1520
	18	涠 12-9	2707
	小计		7856
合计			40490

根据上述研究结果，推测涠西南区域具备建成稳产 $400\times10^4 m^3$ 的储量基础。

2. 涠西南区域勘探规划工作量

勘探实践表明，涠西南区域勘探成功率较高，至 2008 年 6 月，已钻井 91 口，探井成功率 60%；已钻构造 40 个，发现油田或含油气构造 26 个，构造成功率为 65%。要完成在涠西南区域再探明 $2.5\times10^8 m^3$ 的滚动勘探规划目标，2008～2020 年须完成的钻井和地震工作量如下：每年平均钻探井 9 口，累积钻井 114 口；每年平均采集三维地震 $500 km^2$，累积采集三维地震 $5000 km^2$，具体见表 9-3。

表 9-3　涠西南区域勘探工作量及探明原油地质储量规划表

参数	年份													合计
	2008	2009	2010	2011	2012	2013	2014	2015	2016	2017	2018	2019	2020	
探井数/口	8	8	8	8	8	8	8	8	9	9	9	9	9	109
三维地震 /km^2	0	500	500	300	300	300	300	300	500	500	500	500	500	5000
新增石油探明储量 /$10^4 m^3$	2500	2000	2000	2000	2000	2000	2000	2000	2000	2000	1500	1500	1500	25000

3. 新管网处理中心部署

根据已发现油田或含油气构造及其地质储量的分布，以及 18 个未钻目标圈闭的资源量潜力的推算，目前认为在涠西南凹陷的 1 号和 2 号断裂带附近的油气资源相对丰富，如表 9-1 和表 9-3 所示。而已发现的涠洲 11-7 油田的地质储量规模较大（三级地质储量为 $4217\times10^4 m^3$，探明地质储量为 $2297\times10^4 m^3$），因此，若从目前的勘探认识和勘探未来目标开发的需求方面考虑，推荐新建的油气水处理中心新处理中心宜部署在涠洲 11-7 油田附近，而外输管线路径宜部署在"2 号断裂带"附近，新管线及处理中心部署位置示意图（图 9-1）。

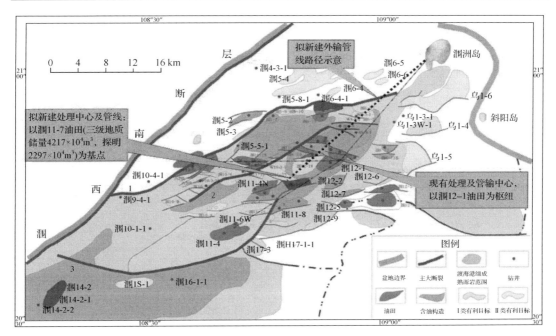

图 9-1　新管线及处理中心部署位置示意图(文后附彩图)

9.1.2　涠西南地区开发规划

1. 可采储量

上述勘探规划目标为每年平均新增探明地质储量约为 $2000×10^4m^3$，考虑到勘探上探明的地质储量具有一定的不确定性，开发规划自 2010 年至 2020 年期间，每年平均动用新增探明储量按 $1600×10^4m^3$ 考虑，即每年新增可采储量为 $400×10^4m^3$（采收率取25%），该规划每年储量替代率可维持在 100%以上。

2. 原油产量规划

根据在生产油田和在建设油田的产量基础，考虑今后投入开发的油气资源基础的可靠性，以及产量规划目标实施的可行性，新建产能根据每年动用的储量，按照采油速度4%，采收率 25%计算，现阶段确定的北部湾涠西南凹陷原油产量规划目标为：2010 年、2015 年、2020 年分别达到 $300×10^4m^3$、$350×10^4m^3$、$400×10^4m^3$（图 9-2）。

3. 天然气资源利用

北部湾涠西南富烃凹陷不但原油资源丰富，而且伴生的天然气资源也较为丰富，目前涠西南油田群已发现了的天然气地质储量有一定规模，三级地质储量为 $350×10^8m^3$，其中探明地质储量为 $226×10^8m^3$（其中天然气 $63×10^8m^3$，溶解气 $163×10^8m^3$）。随着油田开发所生产的伴生气量逐渐增多，有关天然气利用问题需综合考虑。按照目前原油产量规划，预测相应的伴生天然气总年产量在 2010 年后达到 $4×10^8m^3$。由于该伴生气总

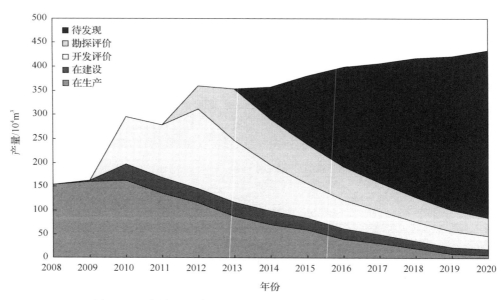

图 9-2　北部湾涠西南凹陷原油产量规划构成图（文后附彩图）

产量是十几个油田的产量组成，因此，建议将整个凹陷的各个油田较为分散的伴生气集输到处理中心，一般情况下可随油水进行三相混输，条件具备时的高产气量油田宜铺设输气管线。集输中心外输能力不足时，要考虑新增加海底管线问题，为油田群开发生产自身利用、向涠洲岛供气，或向海南供气提供基础条件，最终达到提高该区域油气资源的综合利用率效果。

4. 油气水处理能力分析

目前，涠西南的油气集输和处理中心在涠洲 12-1A 平台，经初步处理后再通过上岛管线及涠洲终端的处理后向下游外销。由于涠洲 12-1A 平台已经服役 10 年，通过处理设施的改造提高能力的潜力较小。根据北部湾涠西南的产量规划及现有生产设施的处理能力分析（表 9-4），至 2012 年，涠洲 12-1A 平台、上岛管线及涠洲终端的处理能力均达不到处理要求。

表 9-4　相关设备目前日处理能力表

设备	项目	日处理能力	年处理能力
涠洲 12-1A 平台处理能力	原油/(m³/d)	7740	255
	天然气/(10⁴m³/d)	56	1.8
	污水/(m³/d)	7000	231
油、气管线外输能力	标准液/(m³/d)	8110	268
	天然气/(10⁴m³/d)	70	2.3
涠洲终端	原油/(m³/d)	7500	248
	污水/(m³/d)	1200	40

注：一年按 330 天计算。

考虑涠洲 11-7 油田和涠洲 11-2 油田将来开发的处理需要，以及勘探对涠西南凹陷油气资源分布的认识，建议在新建油田（涠洲 11-7）处建一套处理中心，并将新建的生产系统与已有生产系统相连，使其可以相互依托，降低生产设施安全生产的风险，同时也有利于周边油田的进入并实现低成本开发。在海上新建处理中心系统的同时，对涠洲终端进行改造扩容或增加新的工艺处理系统以满足更大规模处理要求。

5. 管输能力能量分析及建议

根据北部湾涠西南地区的产量规划，目前从涠洲 12-1-A 平台的上岛管线主干管线仍有一定的油、气输送余量，但 2012 年后外输能力已无法满足涠洲 11-7 油田、涠洲 6-3 油田、涠洲 11-2 油田的开发要求，若考虑待发现油田的进入管网输送，管输能力的缺口将更大。2002 年至 2006 年间发生了三次油田间的海管事故，据此推测已服役 10 年的上岛管线同样存在管输安全的风险，万一该干线海管发生意外，则会导致整个涠西南油田群的全部停产。因此，考虑目前区域勘探的认识和推荐，建议在"2 号断裂带"附近新建一条中枢海管，与现有的主管互为补充，提高抗风险能力。新管的铺设从区域总体开发进行考虑，在充分考虑管输能力的前提下，管网设计中事先预留接口，以利于今后"2 号断裂带"周边油田管网的低成本接入。

9.1.3　勘探开发工作量规划

根据北部湾滚动勘探开发工作部署，2008 年至 2020 年共需钻井 578 口，其中，探井、评价井为 109 口，生产井及调整井为 469 口，见表 9-5。

2010 至 2020 年需要的工程工作量为：中心平台 6 座，井口平台 23 座，海底管线 276km，电缆 248km，1 艘 FPSO 及 1 艘穿梭油轮（合作油田）见表 9-6。

表 9-5　北部湾滚动勘探开发钻完井工作量

序号	油田	权益比例/%	年份												
			2008	2009	2010	2011	2012	2013	2014	2015	2016	2017	2018	2019	2020
1	涠洲 11-4D	100				3									
2	涠洲 11-4	100		1	1		1								
3	涠洲 12-1	100	1	2	2	2	1	2							
4	涠洲 6-1S	100		3											
5	涠洲 11-1	100	2	1				2							
6	涠洲 11-4N	100			2	1									
7	涠洲 6-10	100		4			1								
8	涠洲 6-9	100		8			1	1							
9	涠洲 6-8	100		3		1									
10	涠洲 11-1N	100	13			1	2	2							
11	涠洲 12-8	51			5			2							
12	涠洲 6-12	51		5			2								

续表

序号	油田	权益比例/%	2008	2009	2010	2011	2012	2013	2014	2015	2016	2017	2018	2019	2020
13	潤洲11-7	100			17	17									
14	潤洲6-3	100					10	1		1		1		1	
15	潤洲11-2	100					22	2	2			2		2	
16	待发现油田1	100						11							
17	待发现油田2	100						34							
18	待发现油田3	100							51						
19	待发现油田4	100								30					
20	待发现油田5	100								8					
21	待发现油田6	100									30				
22	待发现油田7	100										13			
23	待发现油田8	100										21			
24	待发现油田9	100											34		
25	待发现油田10	100												10	
26	待发现油田11	100												28	
27	待发现油田12	100													40
28	待发现气田1	100													
	开发井合计		16	27	27	28	40	57	53	39	30	37	34	41	40
	探井合计		8	8	8	8	8	8	8	8	9	9	9	9	9
	总计		24	35	35	36	48	65	61	47	39	46	43	50	49

9.1.4　生产管理规划

1. 潤洲终端后勤支持中心建设

潤洲终端是一个自营综合性油气处理终端，其中包括油气处理厂、原油储存、外输单点系泊装置、专用码头、直升机坪等。潤洲终端今后将以后勤支持中心定位，建立信息中心、维修维护中心、培训、仓储和后勤供应基地。包括利用终端空地建设油罐，增加原油储存能力、扩建码头提高外输能力或者更新单点系统加大外输作业能力等，条件成熟时，可充分利用外部资源，与中石化建立战略关系，或者自建油管直达北海铁山港。潤洲终端作为后勤物资支持的分中心或应急忠心，将配餐生活支持中心前移至海口，生产物资如不常使用的应急材料、备件，周期性使用的通用料(滑油、化学药剂等)可以存放在潤洲终端等。通过潤洲终端后勤支持中心的建设，可大大降低潤西南油田群的开发生产成本。

表 9-6 北部湾工程建设工作量

序号	油气田项目名称	项目阶段	项目计划投产时间	权益 /%	中心平台 /座	井口平台 /座	海底管道 /km	海底电缆 /km	单点/FPSO /(个/艘)	陆上终端 /座	水深 /m	油轮 /艘	油轮吨位 /10⁴t
1	涠洲6-1	在生产	2010年1月			1							
2	涠洲6-10	开发评价	2010年6月	100		1	7	7					
3	涠洲6-9	开发评价	2010年6月	100				6			40		
4	涠洲6-8	开发评价	2009年6月	100		1	6				40		
5	涠洲11-1N	开发评价	2009年1月	100		1	3	15			40		
6	涠洲12-8	开发评价	2010年1月	51		1	8	8	1		40	1	10
7	涠洲6-12	开发评价	2010年1月	51		1	7	7			40		
8	涠洲11-7	开发评价	2012年1月	100	1	1	50	10			40		
9	涠洲6-3	勘探评价	2012年6月	100		1	10	10			40		
10	涠洲11-2	勘探评价	2012年6月	100		1	10	10			40		
11	待发现油田1	待发现	2014年1月			1	10	10			40		
12	待发现油田2	待发现	2014年1月			2	10	10			40		
13	待发现油田3	待发现	2015年1月		1	1	15	15			40		
14	待发现油田4	待发现	2016年1月			2	15	15			40		
15	待发现油田5	待发现	2016年1月			1	10	10			40		
16	待发现油田6	待发现	2017年1月		1	1	10	10			40		
17	待发现油田7	待发现	2018年1月			1	15	15			40		
18	待发现油田8	待发现	2018年1月			1	15	15			40		
19	待发现油田9	待发现	2019年1月		1	1	10	10			40		
20	待发现油田10	待发现	2020年1月			1	10	10			40		
21	待发现油田11	待发现	2020年1月			2	15	15			40		
22	待发现气田1	待发现	2012年1月		1		40	40			40		
合计					6	23	276	248	1	0		1	10

2. 区域开发动力系统建设

涠西南油田群电力组网项目先期准备将 WZIT 和涠洲 121 及涠洲 111 三个电站联成网络，给附近各已建油田和计划建设的油田提供电力供应。从目前该网络的电力负荷来看，还有 10MW 的功率为新发现的油田提供电力。但为了降低后期更多油田开发的动力系统建设成本，建议在涠洲终端上增加发电机组，另外敷设一条从涠洲岛到新中心处理平台的海缆，给中心平台提供电力，同时，与现在正建设的 WZIT 到涠洲 12-1、涠洲 11-1 的电力网络形成更大的电力网络。这样既可以增强整个电力网络的稳定性和安全性，又可以与原来的电网实现互备互用。根据初步估算，涠西南油田群电力网络的最大容量刚好可以扩容一倍，也就是说还可以增加一个现有的涠洲电力负荷的容量。此外，还也可考虑与南方电网联网，以提高动力系统的安全稳定性。

3. 区域修井能力建设

目前在生产油田的 9 个平台中，有 5 个平台无修井设施，因此现已有约 40 口开发井无法及时实施修井及其他增产措施。油井出现故障停产时必须等待自升式悬臂梁钻井平台进行作业才能修复，但因钻井平台资源有限，无法满足在生产平台修井作业，且在生产平台进行修井作业将大大增加油田操作成本。因此，建议对于新发现的油田，如果规模大，井数多且预计修井频繁的平台可考虑上平台修井机，也可考虑模块钻修机的使用问题；若新发现的油田个数多但规模较小，则可针对北部湾海域水深状况，设计建造轻型悬臂梁修井支持平台或参照油服建造的自开自航式修井船(LIFTBOAT)修井平台建设适合北部湾海域的修井简易平台，力争降低小油田的作业成本。

4. 区域采油工艺发展

鉴于涠西南油田部分地质油藏情况复杂，水驱开发出水、井筒结垢、地层压力大幅度下降、储层污染等问题，使该区域开发井的修井作业难度大，密度高。目前采油工艺技术、增产增注措施技术储备不足，在举升方式上只有电潜泵、气举工艺；增产措施方法单调，只有换大泵、机械或化学堵水、酸化、调剖等；且采油工艺研究力量薄弱，基本没有研究队伍。建议完善和加强钻采工艺的研究力量，逐渐组成一支 15~20 人的采油工艺方面研究队伍和修井专业水平高的工艺技术队伍及配套研究和实验设施，以满足日益增加的油井作业的需要。

9.1.5　天然气综合利用

1. 涠洲终端天然气综合利用

现有的涠洲 12-1A 平台输往涠洲终端海管的输送能力为 $86 \times 10^4 m^3/d$，涠洲终端厂天然气处理能力为 $60 \times 10^4 m^3/d$。上岛的天然气用途包括：轻烃回收，回收轻烃后的干气一部分用于发电，另一部分供给新奥燃气 LNG 厂。随着今后向涠洲终端供气量的增加，但不超过 $2 \times 10^8 m^3/d$，可考虑在终端新增天然气利用项目(如可向北海市城市燃气公司正在立项筹建 CNG 厂供气），以成分利用涠洲终端剩余的天然气。

2. 油田群开发天然气自身利用

为降低开发成本和操作成本及提高油田开发效果，涠洲油田群所生产的天然气将充分考虑油田自身的综合利用，用途包括：燃气发电减少柴油发电成本；向地下油藏回注伴生气，提高采收率并避免注水结垢风险；气举生产，节省下电潜泵举升的高昂费用，并减少修井频率和修井成本；向锅炉、加热炉系统和生产生活用气提供清洁能源，降低对油料的依赖和成本等(周守为，2009)。

3. 向海南供气必要性和可行性分析

根据目前的产量规划，预测相应的伴生天然气总年产量在 2010 年后达到 $4×10^8m^3$，并且可结合北部湾天然气勘探潜力，有针对性地部署天然气探井，以解决油田伴生天然气产量不稳定问题。目前推测，在扣除油田生产及开发自身消耗和涠洲终端需求后，剩余的天然气产量有望超过 $2×10^8m^3$。因此有必要考虑通过进一步开拓下游市场，铺设天然气管线向海南供气，包括向东方终端厂供气，以与乐东或东方的低烃天然气进行配比，以满足下游销售要求，并可盘活东方气田和乐东气田高 CO_2 含量地质储量等。

4. 关于天然气排放

通过上述的伴生气的综合利用，包括燃气发电；注气提高油藏采收率、气举生产、轻烃回收、发电、生产生活用气、供 LNG 和 CNG 厂供气利用等，已大大降低了天然气排放量，减少了空气污染，真正起到节能减排效果。按 2010 年后每年减排 $4×10^8m^3$ 伴生气量计算，相当于每年节约标准煤 500000t。

9.2 勘探开发生产"三一"管理模式

北部湾的涠洲油田群运用多种技术，采用滚动开发思路对常规技术难以开发的油田进行有效开采。推动了涠西南边际油田的开发，同时，油田服务不断创新，涠洲终端成为各种技术服务的中心及人才培养基地等，在保障油田生产的同时，为企业、社会培养人才。

9.2.1 区域滚动开发基本模式

位于南海北部湾的涠洲油田群由涠洲 11-4 油田、涠洲 11-4D 油田等组成，该油田群开发早期采用全海式生产系统生产，直到 1999 年才由全海式转为半海半陆式生产系统。整个系统的改造包括弃掉希望号生产储油轮、新改建一个处理平台、在涠洲岛上新建一座终端处理厂(原油外输码头和单点系泊)。目前由涠洲 12-1 油田 A 平台至涠洲岛终端处理厂的油管线年输送能力可达 $270×10^4m^3/a$，终端原油年处理能力可达 $240×10^4m^3/a$，生产系统具有很高的抗台风能力，降低了生产操作成本，同时为小油田的滚动开发找到了支撑点。

2003 年以后，北部湾盆地成功运用了多种高新技术，采用滚动开发的思路有效地开发了采用常规技术难以达到预期的油田，推动了涠西南近十个边际油田的开发，如涠洲 11-1 油田等。

在滚动开发的过程中，一些油田越滚越大，一些油田起死回生，同时生产设施抗风险能力也越来越强。从形式上主要有三种模式："扩张式""蔓延式""叠加式"。

1. "扩张式"

主要是指以某个油田为立足点，通过滚动勘探开发生产，油田不断扩边，储量逐步上升，产量也稳步上升或长时间稳产，油田规模越滚越大，从而取得了良好的经济效益。

1) 涠洲 12-1 油田

1996 年年底，油田（南块和中块）总体开发方案经批准后开始实施，于中块 3 井井口建 A 平台，在南块和中块 3 井区共钻开发井 17 口。在开发井实施过程中首先在中块构造低部位钻开发评价井 WZ12-1-A7 井，发现了中块涠四段高产油层（探明储量为 $1073\times10^4m^3$）。1999 年 6 月，A 平台生产井开始投产，并于年底向国家申报本油田探明储量为 $2886\times10^4m^3$，控制储量为 $1800\times10^4m^3$，预测储量为 $150\times10^4m^3$。

油田南块、中块 3 井区开发后经分析后认为，北块石油地质条件与中块相似，是有利的钻探目标，一旦钻探成功即可快速投入开发。因此，于 1999 年在油田北块利用大斜度井技术，沿断层探多个目的层高点，钻探了 WZ12-1-5 井。WZ12-1-5 井钻后计算北块探明储量为 $188\times10^4m^3$，控制储量为 $285\times10^4m^3$，预测储量为 $1812\times10^4m^3$。

利用地震岩性反演和精细油藏描述技术在对储层分布及油藏模式进行精细研究后认为，北块涠二段可能发育构造+岩性圈闭，油气分布可能主要受储集层分布的控制，含油面积可能超过构造圈闭范围，还有很大潜力，建议钻探北块构造圈闭线外的钻探 WZ12-1-6 井，探明油气储量。

2001 年 3 月，钻评价井 WZ12-1-6 井，证实涠二段油气分布受岩性控制，在涠二段测井解释油层 2 层共 24.1m（TMD），进行 2 次 DST 测试，合计日产油 $850m^3$，天然气 $55761m^3$。2001 年 10 月，国家储委批准油田北块探明石油地质储量（Ⅲ类）为 $1770\times10^4m^3$，控制储量为 $290\times10^4m^3$，预测储量为 $375\times10^4m^3$。

至此，整个涠洲 12-1 油田落实探明储量 $4656\times10^4m^3$，控制储量 $2090\times10^4m^3$，预测储量为 $525\times10^4m^3$，地质储量总计 $7271\times10^4m^3$。

2002 年 2 月《涠洲 12-1 油田北块及 4 井区总体开发方案》获批准，该方案设计建一座 24 井槽的 B 平台，以北块和中块 WZ12-1-4 井区联合开发为主，兼顾中块 WZ12-1-3 井区下层系的调整。方案决定生产井分两批实施。2003 年 3 月方案开始实施，第一批 8 口生产井于 2003 年 12 月顺利投产。WZ12-1-B18 井钻后表明，4 井区储量规模远不止 B 平台总体开发方案考虑动用的规模。出于落实该区储量规模及优化该区的开发方案的目的，湛江分公司决定于该区较低部位钻评价井 WZ12-1-7 井。WZ12-1-7 井钻后，WZ12-1-4 井区储量评估结果为探明储量为 $640\times10^4m^3$，控制储量为 $70\times10^4m^3$，预测储量为 $165\times10^4m^3$。

由此可见，涠 12-1 油田从发现到建成投产，是一个反复实践反复认识，不断调整勘探、开发实施方案的过程；经历了由南块→中块 3 井区→中块 4 井区→北 1 块→北 2 块→岩性体的勘探开发历程。涠洲 12-1 构造开展滚动勘探开发的成功，不仅获得了很好的经济效益，而且对在南海西部海域进一步开展滚动勘探开发有重要指导意义。

2) 涠洲 11-4N 油田

涠洲 11-4N 油田在 2004 年 2 月申报的涠洲 11-4N 油田涠洲组石油探明地质储量 234× $10^4 m^3$，可采储量 72× $10^4 m^3$。2005 年 2 月，在此基础上完成了该油田钻三口开发井开发涠洲组油层的 ODP 设计。2005 年 6 月于油田北部钻 6 井，在涠洲组和流沙港组一段均钻遇油层，两次 DST 测试分别于涠洲组和流一段获日产油 488.2 m^3 和 549.4 m^3，日产气 1333 m^3 和 17120 m^3，为高产工业油流，基本落实了流一段主力油组砂体展布情况，并落实了油田北断块涠洲组的含油情况，2005 年申报涠洲 11-4N 油田涠洲组三段 6 井区和流沙港组一段 3、6 井区原油探明地质储量为 185× $10^4 m^3$，可采储量为 34× $10^4 m^3$。这样，这个油田的探明地质储量规模达到了 419× $10^4 m^3$，可采储量为 107× $10^4 m^3$。并在此基础上完成了该油田的开发调整方案，部署 6 口开发井，其中 5 口开发井开发涠洲组，1 口开发井试采 6 井区流一段。

2007 年 9 月开始油田 ODP 方案的钻井实施，并于当年 12 月 7 日完成，2008 年 2 月 5 日油田正式投入开发生产。开发井钻后于 4 井区涠洲组新发现涠三段 I 上油组油层，1 井区实钻各油组油层厚度增加，钻后储量重算评价探明地质达到了 522.8× $10^4 m^3$，增加了 103.65× $10^4 m^3$，钻后计算可采储量为 137× $10^4 m^3$，比 ODP 增加了 30× $10^4 m^3$。

3) 涠洲 6-1 油田

涠洲 6-1 油气田于 1987 年 5 月钻探第一口探井——WZ6-1-1 井时被发现。该井在石炭系灰岩古潜山及流沙港组砂岩获高产油气流，测试：DST1（1930～1963m）获日产油 167 m^3，日产天然气 90.41× $10^4 m^3$；DST2（1967～2052.4m）获日产油 206 m^3，日产天然气 4.26× $10^4 m^3$。1988 年 1 月在该构造北断块钻探了 2 井，经测试，在流沙港组仅获微量油气，并出少量水。1994 年 3 月在 1 井西北约 600m 处钻了一口评价井——3 井，在流沙港组有良好的气显示，测井解释油气层厚度为 22.4m，经测试：获日产天然气 17.13× $10^4 m^3$，凝析油 44.5 m^3。2004 年申报通过涠洲 6-1 油气田 1 井区探明级地质储量 288× $10^4 m^3$，控制级地质储量 157× $10^4 m^3$（1 井区+3 井区），预测级地质储量为 869× $10^4 m^3$（1 井区+3 井区+东北区）；此外南区估算的预测级地质储量为 777× $10^4 m^3$。ODP 设计本着优选储量丰度大的断块开发的原则，部署两口水平井开发涠洲 6-1-1 井区油组及石炭系，共探明地质储量 288× $10^4 m^3$。2006 年 10 月 1 井区 WZ6-1-A1h、WZ6-1-A2h 共两口采油井投入开发生产。

为了进一步评价油田储量，2007 年 1 月在油田南块部署并钻探了 WZ6-1S-1 井。2007 年 6 月南块 S2 区（WZ6-1S-1 井区）涠三段 IV 油组向海洋储委申报石油探明地质储量 51.75× $10^4 m^3$。2007 年 7～8 月，在油田南块 S3 区主要针对涠三段 IV 油组钻探了开发调整井 WZ6-1-A3 井，该井于 2007 年投产，日产油 160 m^3，该井钻后落实涠洲 6-1 油田南块探明 133.45× $10^4 m^3$，控制储量为 379.88× $10^4 m^3$，预测储量为 1132.73× $10^4 m^3$，三级地质储量合计 1646.06× $10^4 m^3$，为油田下一步的滚动勘探开发部署和开发评价工作打下了坚实基础。

2. "蔓延式"

蔓延式主要是指通过依托现有设施，把一些单独开发没有效益或效益差的油田，纳入系统得以开发，系统设施逐步向外延伸，从而创造良好的经济效益。

涠西南由全海式转向半海式的开发模式后，大大提升了生产处理能力，由于不依赖于生产储油轮生产，生产系统具有很高的抗台风能力，提高了生产时率，增加了油田开发效益。半海式开发模式的实施，共享了生产资源，实现了生产管理的统筹安排，从而降低了生产作业成本。该套生产设施还为小油田的滚动开发找到了支撑点，为该区滚动勘探开发打下了基础。

2003 年，湛江分公司对围绕在该套生产设施，本着"整体部署，分步实施"的原则，加大勘探力度，促进油田开发。首先围绕生产实施全面进行了分阶段的三维地震资料的采集，2003 年、2005 年分别采集了 700 多平方千米的三维地震资料，为构造的落实，储层的预测及断层的组合提供良好的资料基础。基于新的三维资料和分区带的对生产设施周围的已发现的含油构造进行筛选，首选涠洲 11-1、涠洲 11-4N 及涠洲 6-1 油田进行开发可行性研究，通过地下、地面的精心研究部署，落实了这批油田的储量规模、风险潜力，预测了开发效果，确定了开发模式；通过成群建设，精心实施，使这批油田于 2006 年开始陆续投产，增加了涠西南凹陷的产量，累计产油 $331 \times 10^4 \mathrm{m}^3$，有效地利用了生产资源，油田总体开发方案总动用地质储量 $1130 \times 10^4 \mathrm{m}^3$，同时降低了该区勘探门槛，扩大了勘探范围，使得涠西南凹陷的勘探开发进入良性循环。

2003 年 8 月～2006 年年初，在涠洲 11-1 油田北面发现和落实了涠洲 11-1N 油田，依托涠洲 11-1 油田的生成实施，于 2007 年完成了油田开发方案，目前该油田正在进行开发方案实施，已于 2009 年投产。

围绕涠洲 12-1 油田和涠洲 6-1 油田周边，落实了涠洲 6-9 油田的储量规模，发现了涠洲 6-10 油田、涠洲 6-8 油田，这三个油田于 2006 年完成了储量评价工作，进入开发前期研究阶段。2007 年 3 月涠洲 6-8 油田又成功地向北面扩边，发现了新的储量，及时纳入开发前期研究工作中，已于 2008 年 10 月完成三个油田的 ODP 编制工作，转入开发实施阶段，已于 2010 年底投产。这些油田的投入生产，充分发挥了涠西南生产系统的利用和完善，充分的动用了地下的资源，包括天然气资源的利用，使涠西南凹陷的年产油量在高峰期重上 $200 \times 10^4 \mathrm{m}^3$，达 $220 \times 10^4 \mathrm{m}^3$ 以上，同时还推进了节能减排工作的进程。

3. "叠加式"

"叠加式"主要是指已有的设施能力不能满足区域未来开发生产的需要，通过重新建设一套设施来满足需要，而且该设施与已有设施并联，包括两条管网并联、两个处理中心并联，通过新建设施提高原油的产量，通过并联提高设施的抗风险能力。

涠西南区域开发布局设想两条管网并联、两个处理中心并联、年生产能力 $400 \times 10^4 \mathrm{m}^3$ 的规模设施，通过新建设施提高原油的产量，通过并联提高设施的抗风险能力。

涠洲 11-7 油田的钻探成功实现了涠西南凹陷 3 号断裂带东区涠洲组断块、流一段岩性、流三段断块岩性油藏叠置连片含油，使该区三级地质储量规模达到近 $5000 \times 10^4 \mathrm{m}^3$，且还有涠 11-7 北块、南块，以及涠 11-8 等区块存在较大的勘探潜力，以整带含油，复式成藏思想为指导，对该带展开整体评价、逐步滚动有望在该区实现亿立方米级油田的突破。

在这样的资源基础上，有望在未来新建一套管网和一个处理中心，而且和原来的系统并联，一方面增加了油区的产量；另一方面也可以相互依托提高抗风险能力。

9.2.2　涠洲油田生产服务创新

涠洲终端处理厂是中海油南海西部公司第一个自营综合性油气处理终端。它位于北部湾海域的涠洲岛西南侧（东经 $109°03'22.011''$，北纬 $21°02'57.525''$），距离涠洲 12-1 油田 29.7km，距离涠 11-4 油田 59.7km，占地面积 $30×10^4m^2$。整个终端包括一个油气处理厂、终端专用码头、单点系泊、直升机坪和水源井等。

海上涠 10-3 油田、涠 11-4 油田、涠 12-1 油田、涠 11-1 油田的油水混合流体和天然气分别通过海底管线输送到涠洲终端处理厂。在处理厂进行油气水处理、轻烃回收和产品储存外输。涠洲油田油气处理如表 9-7 所示。

表 9-7　涠洲油田油气处理表

内容	设计规模
原油分离脱水、稳定	处理液量：$230×10^4t/a$（油量 $200×10^4t/a$）
天然气处理（轻烃回收）	$43×10^4Sm^3/d$（+/–30%），生产轻烃 $144m^3/d$，LPG $450m^3/d$，硫磺 360kg/d
含油污水 COD 处理	$1200m^3/d$
供水、消防、循环水	供水能力：$144m^3/h$，消防水 $1032m^3/h$，循环水 $1300m^3/h$
发电能力	发电能力：ISO 为 4900kW×4；35℃时，4068kW×4（总用电负荷 9549kW）
原油储存、装船	原油储存 $150000m^3$，装船能力 $4500m^3/h$
液化气储存、装船	储存 $4000m^3$，装船能力 $500m^3/h$
轻油储存、装船	储存 $4000m^3$，装船能力 $400m^3/h$
液化气罐瓶	日灌瓶量不大于 1000 瓶
天然气放空	$50×10^4m^3/d$
供热站、空压机站	供热负荷 21000kW，工业供风 $8m^3/min$，仪表风 $10m^3/min$，氮气 $100m^3/h$
通讯站	与湛江基地、海上平台通讯及数据传输，固定用户 100 门及船舶、飞机通讯导航
加药剂站	11 种药（破乳、降凝、缓蚀、絮凝、抑制剂等）
轻烃码头	2000t 级，LPG 装船 $500m^3/h$，轻烃装船 $400m^3/h$，淡水补给 $50m^3/h$，柴油装卸 $120m^3/h$，炭黑装船 10500t/a
直升机坪	停机坪两机位
水源	水源井四口，输水管道 4km，供水能力 $3500m^3/d$
单点系泊、原油码头	单点系泊 60000t 级，单点装油能力；原油码头 5000t 级，码头装油能力 $800m^3/h$

涠洲终端处理厂内的生产处理设施主要有原油分离脱水和稳定系统、天然气处理系统、污水处理系统、脱硫装置、炭黑生产装置（已经停用）、产品储运系统，并设有供热、供水、排水、消防、电力、通信系统及配套的公用设施，是一座独立、完善的油气综合处理厂。

涠洲终端处理厂由江汉石油管理局勘察设计研究院设计，中国石油天然气公司第六建设公司承建，中海油南海西部公司担当作业者。整个工程于 1997 年 7 月 28 日正式开工，并于 1998 年 8 月 8 日建成试生产。

1. 涠洲终端作为油田群物流支持服务的中心

2004 年 12 月在"基地库房前移、提高海上物料运输响应速度和节约运力成本、把终端建成涠洲油田生产支持中心"的思路指导下，在终端改造库房 225m²、增建料棚 1200m² 和堆场 500m²。使终端厂区所有库房、料棚、堆场总面积达到 2306 m²，存放 3378 种材料和配件。其中包括 12 种化学药剂（525 桶）、19 种润滑油料（349 桶）、仪表管类 24 种共 1948 根、其他管材 31 种共计 724 根。海上油田存放在终端物资配件有 90 种 352 件。

2008 年上半年共接收湛江来料 24 船次共计 474 吊物资，送返湛江 15 船次共 234 吊物资；涠洲终端送各油田的调拨物资 64 船次共计 494 吊货物。在终端库存物资的管理上，实现了油田群所需的化学药剂、滑油和仪表管件的定额库存量订购由终端负责，海上油田需要时直接从终端调拨，从而大大降低油田的库存和成本。

实践证明，涠洲终端作为油田群物流支持服务中心，不仅有效缓解海上油田库房空间紧张和甲板面积有限的压力，而且减少供应船往返于油田与湛江基地之间的次数，有效控制运力成本，同时大幅度增加供应船的平台守护时间，为油气田的安全生产提供更有力保障。涠洲油田现场储油如图 9-3 所示。

(a)

(b)

图 9-3　现场储油图

2. 涠洲终端作为油田群后勤支持服务中心

（1）2004 年 10 月在涠洲终端建成海上油田的配餐支持中心，提高了食品配送效率，节约运输成本。2007 年输送往各个油田的食品箱 390 个（约合 36 船次）。2008 年上半年输送往各个油田的食品箱 216 个合 22 船次。

（2）充分利用终端两个柴油罐和两个淡水罐的库容，满足供应船在终端加油加水服务需求，油田现场库房如图 9-4 所示。目前平台的油水供应全部实现了从终端补充，这样不但缩短了补给时间，而且大幅减少了拖轮的燃料消耗，有效缓解目前拖轮运力紧张的局面；2007 年全年工作船加水、装卸货 363 船次大约 2600 个吊篮，装卸柴油 48 船次约 4431m^3，防台风应急作业 3 次。

(a)

(b)

图 9-4　现场库房图

（3）作为海上大型作业及钻完井项目的物料中转和工具组装基地。2007 年全年，终端吊车桂 E01546 吊装作业 620 次，新 8t 叉车叉运 810 次，旧 8t 叉运 350 次，6t 叉运 630 次，15t 东风粤 G36436 运输 350 次，8t 东风桂 E01917 运输 340 次。2008 年上半年往来涠洲终端作业拖轮共 158 船次，终端与平台往来物资共 2253 个吊篮。

（4）作为油田大批作业人员动复员的中转站，降低直升机飞行频率，节约高昂的飞行费用。2008 年上半年各油田经终端动复员作业人员 22 次共 574 人。

3. 涠洲终端作为油田群生产技术支持的中心

涠洲油田随着开采年限的增加，由于很多设备腐蚀和疲劳都到了事故高发期，油田设备故障的突发故障频率日益增加。同时由于油田规模和装置不断增加，海上员工的新人比例不断增加，加上部分老员工由于退休和改制等原因都离开一线，现场维修人员缺少重大/疑难设备的检修经验，整体技术水平出现滑坡。并且很多突发故维修都涉及特种作业，目前现场维修人员不具备相关资质，无法进行维修。面对这一矛盾，2004 年 8 月终端在原有合众维修队的基础上，补充人员和设备工具，成立了涠洲油田群海上专业技术支持中心。支持中心的成立不但起到及时处理解决油田突发重大疑难故障的作用，而且也对现场维修人员技术水平的提高发挥了重要作用。该支持中心成立以来先后 15 次完成了应急抢修任务，对保证油田的安全生产发挥了积极作用。

4. 涠洲终端作为油田群安全应急响应的中心

涠洲油田群所处的北部湾渔场渔业资源极为丰富，为广西壮族自治区、海南和广东三省区沿海渔民主要作业场所，海洋渔业是沿海地区经济发展的支柱产业之一，油田开发区周围沿海市县渔民常年在该海域捕捞生产，油田所在海域是幼鱼、幼虾、名贵珍珠贝及海藻繁育、生长和栖息的重要场所，有鱼类 500 多种、虾类 200 多种、头足类 50 多种、蟹类 20 多种及种类众多的贝类和其他海产动物及藻类等。海域内有渔业资源保护区 9 处。据初步统计，2003 年油田周围沿海三省区渔民在该渔场的捕捞渔获量约为 1876225t，占三省区总渔获量的 45.7%左右。因此，该水域渔业资源的变动将对广西壮族自治区、海南和广东三省区的渔业生产造成较大影响。此外在广西壮族自治区近岸海域及海岛还有分布广阔、保护较好、面积较大的红树林、珊瑚礁及珍稀海洋动物儒艮和中华白海豚等。由此可见，涠洲油田一旦发生溢油事故，对周围海域环境敏感区的冲击不可忽视。同时除了涠洲 11-1，涠洲 6-1 和涠洲 11-4N 三个新建油田外，其余的油田都已经开采了 10 年以上，最老的平台已经开采了 22 年，面临设备和海底管线日益腐蚀老化的风险，发生溢油的风险日益增加。

正是基于这一认识和实现资源共享的目的，涠洲作业区联合中海石油环保服务有限公司（COES）于 2006 年 11 月在涠洲终端建成了涠洲区溢油应急中心。COES 员工均参加了相关的公约简编 OPRC 1、OPRC 2、OPRC 3 级培训，有专业的溢油应急管理、技术培训、现场指挥、溢油操作人员。涠洲基地目前共有 3 名专职人员和几十名兼职应急队员，所有人员都经过相应的专业溢油应急响应理论及实操培训。为了检验溢油中心处理溢油事故的实战能力，于 2006 年 12 月 8 日成功进行了一次针对涠洲 12-1 油田发生溢油的联合演习,此次演习的成功进行标志着涠洲终端作为涠洲油田群溢油应急中心地位的正式确立,使整个涠洲油田群处理海上突发溢油事故的能力上了一个新台阶,为整个油田群的安全生产打下坚实的基础。涠洲油田溢油应急中心设备清单如表 9-8 所示。

表 9-8　溢油应急中心设备清单

序号	设备名称	规格	数量	生产厂家
1	充气式围油栏(含卷绕辊)	HRA2000	400m	天津汉海公司
2	动力站	LPP30	1 套	LAMOR 公司(芬兰)
3	真空撇油器	ZK30	1 套	青岛光明公司
4	高压清洗机	HDS1000DE	1 台	德国凯驰公司
5	多功能撇油器	多功能	1 套	芬兰 LAMOR 公司
6	动力站	HPP50	1 套	天津汉海公司
7	消油剂喷洒装置	PS80	1 套	青岛华海公司
8	储油囊	FN15	2 套	青岛光明公司
9	便携式储油罐	QG5	2 套	青岛华海公司
10	液压充气机		1 套	芬兰 LAMOR 公司
11	集装箱		3 套	
12	托盘		2 套	
13	吸附材料	SPC	500kg	美国 SPC 公司
14	固体浮子式围油栏		400m	
15	金属储油罐		4 套	

5. 涠洲终端作为油田员工的培训基地

人才是企业可持续发展的重要因素之一,现代企业的竞争很大程度上是人才的竞争。随着公司的快速发展,每年都会招收大批的新员工,而新来员工基本上都是刚出校门的大学生,没有任何工作经验,根本无法满足充满高风险的海上石油开采的需要。为了给这些新来员工提供一个理想的培训场所,使这部分人能够早日成材,满足公司发展的需求。通过认真分析论证认为涠洲终端是一个十分理想的场所。首先终端的工艺系统相对完整,不但具有完善的油-气-水处理系统,而且具有完整的外输系统和码头,这样能够充分保证培训的质量,同时终端在培训场地、住宿条件和安全保障方面都拥有平台所无法比拟的优势。因此涠洲终端于 2006 年 4 月通过对原有的电器车间改造,建成了一个可以容纳 30 人的现代化数字培训中心,使培训的硬件设施有了一次大的飞跃。在不断完善培训硬件设施的建设中,也建立健全培训的各项管理制度,包括结合终端特点编写的标准培训教材、培训流程和考核等,使终端作为培训基地的功能日益完善。现在涠洲终端不仅能够满足涠洲区和分公司相关部门的人员培训,还先后为上海分公司、东部公司等其他分公司培训了数百名合格人才,为中海油的人才培养和储备发挥着积极作用。

6. 涠洲油田维修监督一体化管理的实践

维修监督一体化管理的实施时间如表 9-9 所示。

表 9-9　维修监督一体化管理的实施时间表

序号	实施安排	时间
1	涠洲油田作业区维修监督一体化管理设想	2006-07
2	维修监督一体化管理办法(试行)宣贯及讨论	2006-10-14
3	涠洲油田作业区维修监督一体化执行(试运行)	2006-11-01
4	维修监督岗位职责确定及相关工作支持表格建立	2007-1-23
5	维修监督一体化终端会议及讨论，确定岗位职责及工作界面	2007-10-12
6	完善维修监督一体化管理制度，更新工作支持表格，收集油田现场关于维修监督一体化管理办法的意见反馈	2008-01-03
7	利用涠洲作业区工作会，宣传贯彻《涠洲作业区维修监督一体化管理实施规定》	2008-3-1
8	领导审核并签发《涠洲作业区维修监督一体化管理实施规定》，通过作业区维修网站发布管理实施规定	2008-4-15

1)维修监督一体化管理的背景和目的

(1)涠洲油田老油田多，设备老化严重，改造量逐渐增多，原来的维修模式已逐渐不适应油田整体管理。

(2)原来维修监督只固定在某一个油田，受专业限制，在油田只是协助总监管理工作，专业技术提升有限制。

(3)涠洲作业区共有五个油气田装置，维修监督进行一体化管理，可以利用好维修监督的专业优势，让维修监督发挥更大的作用。

2)维修监督一体化管理的运行模式

(1)维修监督倒班模式：将维修监督分为机、电、仪三组，各专业之间维修监督倒班；确保油田每个专业至少有 1 名维修监督在油田/终端值班。

(2)倒班要求：由机械/仪控主管负责安排维修监督倒班，油田/终端有需求根据实际情况调整，维修监督根据计划表进行倒班。

3)维修监督一体化管理的实施效果

(1)建立了一整套完善的维修监督管理、考核、岗位职责、界面分工、倒班安排等管理制度，使一体化管理的实施在制度上得到保证。

(2)建立维修网站，实现维修资源和信息共享，使维修管理更加直观迅捷和科学规范。

(3)保障油田高难度、高风险的重点作业能安全顺利实施。

2007 年 1~12 月涠洲 11-4 油田海管查漏和维修。

2007 年 3 月涠洲 121 闭排泵系统改造。

2007 年 7 月 WZIT 停产大修。

2007 年 11 月涠洲 114 油田火灾系统升级改造。

2007 年 12 月涠洲 11-4D 油田发电机平台大修。

2008 年 3 月涠洲 11-4 油田污水回注项目改造。

集思广益，定期组织各专业人员到油田进行检查，使油田的疑难问题能够得到及时解决。

负责大型设备安装调试和产品质量验收工作，严格控制设备维修工作质量。

4) 维修监督一体化管理的规划目标

(1) 完善油田设备管理体系，提高油田设备质量保障。

(2) 建立油田员工培训的规范标准和档案，持续提高员工的技术水平和综合素质。

主要参考文献

卞晓冰，张士诚，韩秀玲.2011. 海上低渗透油藏水力压裂技术适应性评价. 科学技术与工程，11（34）：8461-8463.

陈卓，刘跃杰.2016. 复杂断块油气藏三维构造建模技术及应用. 地下水，38（1）：209-211.

程林松，李春兰.1998. 利用直井产能计算分支水平井产能的方法. 大庆石油地质与开发，17（3）：27-31.

龚再升，王国纯.1997. 中国近海油气资源潜力新认识. 中国海上油气（地质），11（1）：1-12.

黄保家.2002. 莺琼盆地天然气成因类型及成藏动力学研究. 广州：中国科学院广州地球化学研究所博士学位论文.

黄保家，李俊良，李里，等.2007. 文昌 A 凹陷油气成藏特征与分布规律探讨. 中国海上油气，19（6）：361-366.

江艳平，芦凤明，李涛，等.2013. 复杂断块油藏地质建模难点及对策. 断块油气田，20（5）：585-588.

隽大帅，韩宝润，苏家康.2012. 低渗透油藏的开发技术和发展趋势. 中国石油和化工标准与质量，6（22）：45.

李德生.1995. 中国石油地质学的理论与实践. 地学前缘，02（3）：15-19.

刘兴材，杨申镳.1998. 济阳复式油气区大油田形成条件及分布规律. 成都理工学院学报，25（02）：170-178.

鲁康华，尚用兰，王振华，等.2016. 天然气开发技术现状挑战及对策. 化工管理，（24）：87.

孙龙德.2000. 东营凹陷中央隆起带沉积体系及隐蔽油气藏. 新疆石油地质，21（02）：123-127，170.

谭越.2011. 百米水深简易平台. 石油工程建设，37（5）：6-9.

汪立君，孙玉峰.2006. 复杂断块油气藏储层剩余油分布研究与预测. 新疆石油天然气，2（4）：47-53.

汪泽成，王玉新.1996. 鄂尔多斯西缘马家滩滑脱型冲断构造. 石油与天然气地质，13（03）：221-225.

王顺华.2009. 复杂断块油藏模式与剩余油预测. 北京：石油工业出版社：1-3.

蔚宝华，闫传梁，邓金根，等.2011. 深水钻井井壁稳定性评估技术及其应用. 石油钻采工艺，33（6）：1-4.

杨国权，陈景达.1994. 临清拗陷下第三系地震地层学研究. 石油大学学报（自然科学版），18（04）：8-15.

杨菊兰，常毓文，胡丹丹.2008. 渤海湾盆地断块油气藏分布与滚动勘探方法. 石油地质，（13）5：7-14.

杨瑜贵，徐建华，袁瑞冬，等.2003. 复杂断块油气藏油气分布规律研究——以文西断裂带为例. 新疆石油学院学报，15（3）：27-30.

姚姚，唐文榜.2003. 深层碳酸盐岩岩溶风化壳洞缝型油气藏可检测性的理论研究. 石油地球物理勘探，38（06）：623-629.

曾祥林，梁丹，孙福街.2011. 海上低渗透油田开发特征及开发技术对策.特种油气藏，18（2）：66-68.

张宽.2011. 珠江口盆地区带法油气资源评价的勘探检验，中国石油勘探，16（2）:24-29.

张丽娜.2015. 探讨边际油田开发技术现状与对策. 化工管理，36（1）：80.

周守为.2009. 海上油田高效开发技术探索与实践. 中国工程科学，10（3）：55-60.

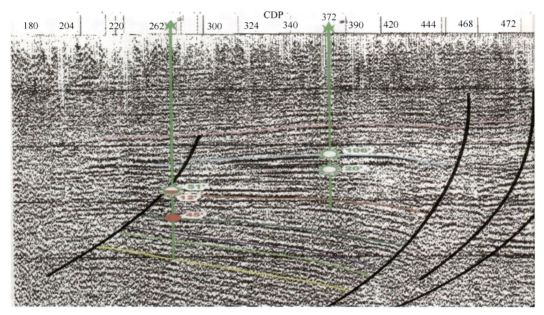

图 2-5　Stubb Creek 油田 14-80-1-050 测线地震地质解释结果

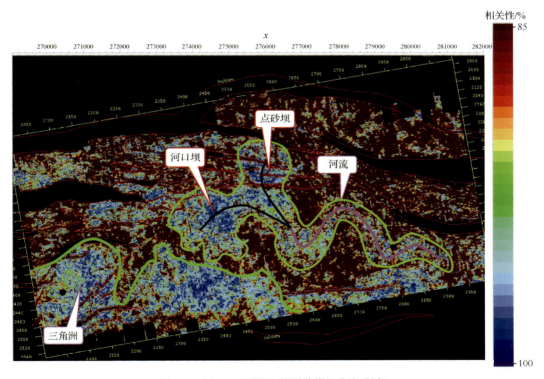

图 3-2　涠 6-10 涠洲组波形分类沉积相研究

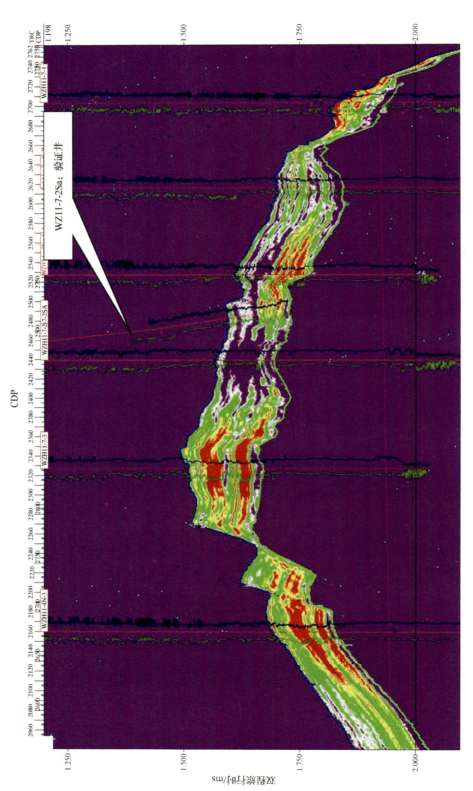

图3-4 流一段储层拟声波多井联合反演 (文后附彩图)

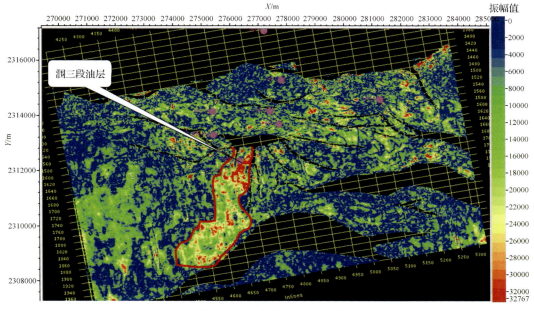

图 3-5　涧 6-1 穿过涧三段油层的一个等沉积切片(资料采用分频处理结果)

图 4-3　多尺度强封堵油基钻井液

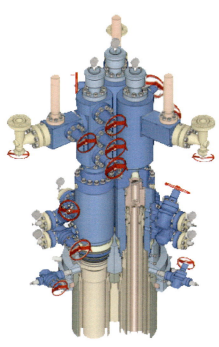

图 4-5 单筒三井采油树示意图

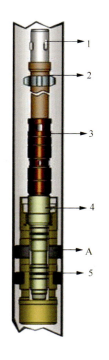

序号	工具名称	最大外径/mm	最小内径/mm	长度/m	底部深度/m
1	旋转式丢手下体	140.00	66.00	2.24	1015.28
2	$3\frac{1}{2}$EUE油管+扶正器	152.00	76.00	50.06	1065.34
3	普通防污染阀	132.00	62.00	1.07	1066.41
4	定位接头	114.00	76.20	0.09	1066.50
5	插入密封	98.00	83.31	1.60	1068.10
A	BEKER SC-1封隔器				

图 5-3 WZ11-4-A3 井单管防污染管柱

图中 EUE 表示外加厚

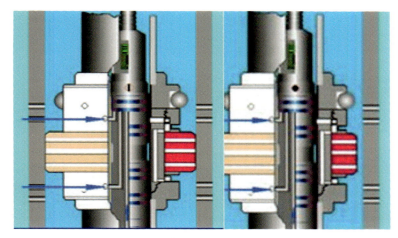

图 5-6　封层测压、验封原理图

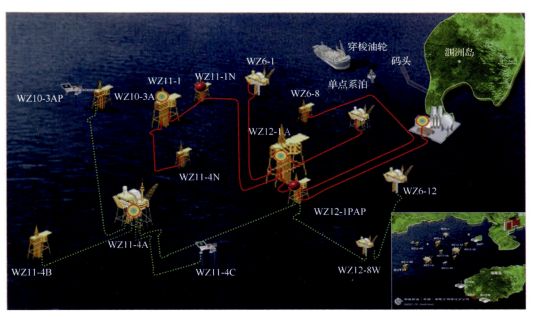

图 8-1　涠西南油田群电站分布详图

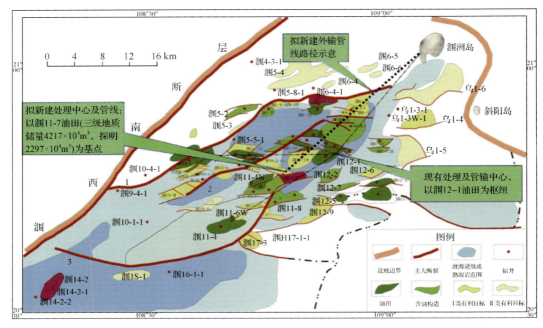

图 9-1　新管线及处理中心部署位置示意图

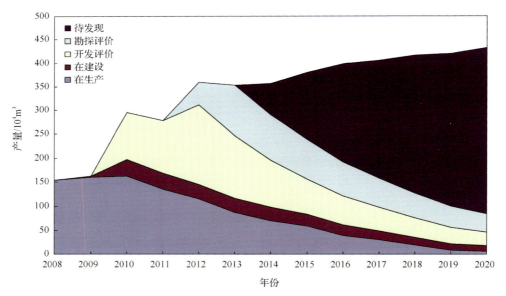

图 9-2　北部湾涠西南凹陷原油产量规划构成图